第七届世界草莓大会系列译文集—6

Production Guide for Organic Strawberries

有机草莓生产指南

J.卡略尔
[美] M.普里茨　主编
C. 黑得瑞赤

张运涛　张国珍　主译

中 国 农 业 出 版 社
China Agriculture Press

贺　邓明琴教授九十华诞

　　张培玉教授八十华诞

祝贺第七届世界草莓大会（中国·北京）成功召开

绿色　鲜美　健康　发展

《第七届世界草莓大会系列译文集》

编　委　会

译 者 序

草莓是多年生草本植物，是世界公认的“果中皇后”，因其色泽艳、营养高、风味浓、结果早、效益好而备受栽培者和消费者的青睐。我国各省、自治区、直辖市均有草莓种植，据不完全统计，2010 年我国草莓种植总面积达到 113 989 公顷，总产量 200 万吨，总产值已超过 200 亿元，从而成为世界草莓生产和消费第一大国。草莓产业已成为许多地区的支柱产业，在全国各地雨后春笋般地出现了许多草莓村、草莓乡（镇）、草莓县（市）。近几年来，北京的草莓产业发展迅猛，漫长冬季中，草莓的观光采摘已成为北京市民的一种时尚、一种文化，草莓业已成为北京现代化都市型农业的“亮点”。随着我国经济的快速发展、人民生活水平的极大提高，毫无疑问，市场对草莓的需求将会进一步增大。2010 年，“草莓产业技术研究与试验示范”被农业部列入了国家公益项目，对全面提升我国草莓产业的技术水平产生了巨大的推动作用。2011 年北京市科学技术委员会正式批准在北京市农林科学院成立“北京市草莓工程技术研究中心”，旨在以“中心”为平台，汇集国内外草莓专家，针对北京乃至全国草莓产业中的问题进行联合攻关，学习和践行“爱国、创新、包容、厚德”的“北京精神”，用“包容”的环境保障科技工作者更加自由地钻研探索；用“厚德”的精神构建和谐发展的科学氛围和良性竞争环境。

我们必须清醒地认识到，我国虽然是草莓大国，但还不是草莓强国。我国在草莓品种选育、无病毒苗木培育、病虫害综合治理及采后深加工等方面同美国、日本、法国、意大利等发达国家相比仍有很大的差距，这就要求我们全面落实科学发展观，虚心学习国外的先进技术和经验，针对我国草莓产业中存在的问题，齐心协力、联合攻关，以实现中国草莓产业的全面升级。

第七届世界草莓大会（中国·北京）已于2012年2月18～22日在北京圆满结束，受到世界各国友人的高度评价。为了学习外国先进的草莓技术和经验，加快草莓科学技术在我国的普及，在大会召开前夕出版的3种译文集的基础上，中国园艺学会草莓分会和北京市农林科学院组织有关专家将继续翻译出版一系列有关草莓育种、栽培技术、病虫害综合治理、采后加工和生物技术方面的专著。我们要博采众长，为我所用，使中国的草莓产业可持续健康发展。

《有机草莓生产指南》（*Production Guide for Organic Strawberries*）是美国康奈尔大学J. 卡略尔和M. 普里茨教授组织了14位专家编写而成。书中介绍了有机认证原则、土壤改良、覆盖作物种植、地点和品种选择技术等，同时重点论述了有机草莓养分管理和病虫害综合治理（IPM）技术，这些技术对于指导我国草莓的有机生产、实现草莓安全生产有着重要的参考价值。美国康奈尔大学程来亮教授帮助翻译了书中的许多疑难问题，在此深表谢意。

谨以此书的出版祝贺邓明琴教授九十华诞、张培玉教授八十华诞。

中国园艺学会草莓分会　理事长
第八届世界草莓大会　执行副主席　张运涛　博士

2013年7月8日于北京

目　　录

引　　言

《有机草莓生产指南》重点论述了草莓营养和病虫害防治技术，包括健壮植株以及减少病虫害的影响。该指南虽分章节阐述，但有机生产系统的相关特性使得每一章节之间又互为联系。

草莓适于有机生产。到目前为止，草莓种植面临的最大且富于挑战性的问题就是杂草危害，尤其是在定植当年。研究表明，在定植当年，杂草会影响草莓今后几年的产量，而且在草莓植株最需要硝态氮的早春和深秋，由于杂草对硝态氮的争夺，土壤很难提供给草莓大量的硝态氮。又由于气候原因，无法系统地控制某些病虫害的发生（如果实的灰霉病）。只有重视杂草管理，尤其是在定植当年，并提供充足的土壤氮素营养，草莓进行有机栽培才能成功。

有机草莓生产具有 5 个特点，如《草莓生产指南》NRAES-88 中所述：

①在同一块地上连续种植草莓，需要间隔几年，也就是说 3～5 年需要进行一次轮作。

②由于草莓生产周期短，只有一个或两个结果年，应避免多年生杂草的生长以及氮储量的损耗。

③由于需要人工除草和频繁的浅耕，需要较多的劳动力。

④杂草和病虫随着时间的推移会不断地增多，所以草莓老龄植株的产量会较低。

⑤气候和病虫害因素导致草莓产量不稳定。

为了更全面地了解草莓生产，建议参考以下资料：《草莓生产指南》NRAES-88 和《草莓有机生产》，前者可从以下网址购买 http：//palspublishing. cals. cornell. edu/。对日中性草莓感兴趣的，可参考《四季草莓的长期生产》一书。

还需要对多年生作物的有机栽培，特别是病虫害管理方面进行更多的研究，以期将更新、更实用的信息收录到本指南中，但也需承认，有机管理的某些手段对一些病虫害收效甚微。本指南未来的新版本将收入更多的信息，为有机草莓种植者提供更完整、更实用的栽培方法。

本指南中使用的术语“病虫害综合治理”（IPM），如有机生产，强调通过栽培管理措施减少病虫害的发生。由于草莓有机生产中，防治病虫害的很多农药被限制使用，因此 IPM 技术要求精确记载病虫害发生史，选择合适的地点，通过保持环境卫生，选择适宜品种和生物防治，以保证生产出高质量的有机产品。

在第 10 节参考文献中列出了所有的网站地址和链接，在第 11 节末尾也列出了本指南中使用的专业术语词汇表。

1 一般有机管理技术

1.1 有机认证

谁需要认证？

想生产或加工并销售有机产品，标明“100%有机”、“有机成分”的经营或部分经营者以及食品集团均需有机认证。

有机产品年生产总值超过 5 000 美元并希望使用有机标签的种植者必须由美国农业部国家有机认证项目（NOP）认可的机构认证。对认证机构选择可能取决于加工者或目标市场。国家农业部和市场有机农业资源中心网页上可以找到在纽约州有资质的认证员的名单。关于有机认证地点要求的条件在本指南 3.1 节中可以看到更多的认证细节。

谁不需要认证？

有机农产品年销售额低于 5 000 美元的种植者和加工者不需要认证。虽然免除了认证，这些种植者和加工者也必须遵守国家有机产品的标准，方可贴上有机产品的标签。

1.2 有机农场计划

不管是否进行认证，有机农场计划都是认证过程的核心，是一个很好的管理手段。这个计划介绍生产和处理过程，保持记录制度，向认证员解释对特定作物有机技术的了解，就预测潜在问题和面临挑战而言，制定这个计划过程是很有价值的。有机农场的土壤、营养、病虫害和杂草管理是相互联系的，因此农场应作为一个完整的系统来统筹考虑，并使管理获得成功。认证组织可能为农场计划提供一个模板，下面通过 NOP 网址描述农场计划。

1990 年有机食品生产法案（OFPA 或 Act）要求所有的作物、野生植物、家畜加工过程的有机认证都需要向他们的认证机构提供一套有机生产计划方案，这里只对州有机项目（SOP）有效。有机生产计划方案需要详细说明怎样实施、如何用文字记载才能产生效果，一直遵守 OFPA 中一切有效的规章制度，认证机构必须同意已制定好的有机计划方案，完成 C 条款的所有要求，种植者和加工者对有机生产计划的任何变更都必须经认证机构的批准。

在美国农业部农业市场服务——国家有机项目网站上可以得到更多的信息，美国国家可持续农业信息服务网（以前为 ATTRA）也可以指导有机认证过程，包括制定有机农场计划的模板，Rodale 研究所也能为有机转化和制定有机农场计划提供帮助。

重要的是美国农业部国家有机项目要求认证申请人就生产、采收以及按有机标准销售的农产品的加工，在认证后 5 年时间里进行详细的记录，这些记录要形成文件，这些操作要遵守有关的规章制度，并由认证机构确认记录是有效的。这些记录必须向美国农业部包括认证机构的权威代理人开放。

2 土壤健康

健康的土壤是有机农场的基础。以覆盖作物、堆肥或有机肥的形式定期补充到土壤中，使土壤具有生物活性，结构良好，有保肥保水能力，从原料有机肥到采收最低间隔天数为120天（参见国家有机标准）；然而购买者从使用有机肥原料到采收间隔天数可能需要120多天，有机肥原料的使用和采收之间的时间总是最大化；在多年收获时，建议定植年份使用有机肥，在结果年不使用有机肥，重要的是绝不能用未腐熟的有机肥或动物的厩肥开沟使用，腐熟好的植株材料将能促进各种微生物的活动，包括能将有机质分解成植株可利用养分的细菌，以及在土壤和根系表面与致病菌产生竞争的微生物。在种草莓前1～2年，利用作物轮作技术，促进土壤健康，有机种植者必须把土壤、养分、病虫害和杂草间的关系处理好。更多关于土壤和土壤健康的信息可以参见《构建更好收成的土壤》（第3版）一书，可以从www.sare.org/publications/soils.htm网站上查找，SARE，可持续农业研究和教育。更多信息也可参考康奈尔土壤健康网址——soilhealth.cals.cornell.edu/。

3 地点选择

对于有机草莓生产而言，选择适宜地点是很重要的，不能过于强调整地。在一个有机生产系统中，草莓通常栽培2～3年，第二和第三年结果。这种方式可使产量达到最大，而土壤含氮量能保持可接受水平。人们认为理想的地点应该是靠近销售市场，面积大，可以轮作，有充足的水分用于灌溉和防霜，土壤排水良好，空气流通，而且该地块近几年没有种过对黄萎病敏感的作物。

定植前需要改良土壤，一旦种上草莓，就很难进行大规模的土壤改良及改善空气流通，或改良土壤耕层、pH或养分含量。定植后结果期间很难改良土壤结构或打破土壤紧实层。

草莓园的大气候、中气候和微气候也是选择地点时要考虑的重要因素，这对品种选择和潜在的效益起重要作用。潜在的春季霜冻，冬季最低温度，生长期长度和热量积累特别重要。在《草莓生产指南》一书上可以找到更多关于地点选择的信息。

3.1 有机认证地点要求的条件

“国家有机方案”中有选择地点的条件，在采收有机认证产品的前3年不能用禁用的产品处理土壤，虽然典型的轮作间隔是3～5年，但种草莓的地块必须强制性进行一年作物的轮作。有机认证区和传统生产区必须保留适宜的缓冲区，防止禁用的物质飘移到认证的有机区。缓冲区必须设置隔离物（排水沟或浓密的篱笆），或设置足够大的缓冲区。缓冲区的大小取决于毗邻非认证区采用的设备，例如在相邻田间采用高压喷药设备或气喷杀虫剂时，缓冲区要增大，要和认证员认真核对特定缓冲区需要的条件。缓冲区大小一般为 6.1～76.2 米，取决于邻近田间使用的技术措施，缓冲区包括防风林和浓密篱笆类的障碍物，小于 15.24 米宽的浓密篱笆防污染的效果要好于 15.24 米宽的开阔缓冲区。纽约州国家有机种植者协会（NOFA）有机认证指南手册中指出："如果缓冲区和田间种的作物相同，需要把缓冲区种的作物看成非认证的产品，收获时应按非认证产品记录并保持设备清洁。"在缓冲区栽种的作物不能按有机认证产品进行销售，也不能用作有机认证家畜或奶牛的饲料。

3.2　土壤、空气流通及土层深度

至少在种草莓前一年开始整地，选择空气流通和排水良好的地块是成功进行有机生产的必备条件。在排水良好、空气流通的地块，栽种健壮的植株可以减轻病虫和霜冻的危害。

草莓需要在排水良好的土壤上才能高产，在排水良好的沙壤土上表现最好。土壤湿度太大会限制根系的生长和呼吸，导致生长变弱，产量降低。粗砾土排水条件好，但是黏重土或水位高的地块常需要排水管，以排除过量的水，改善土壤的排水条件，定植前应安装好排水管。当地的水土保持区和铺设排水瓦私人承包商可以在排水设计方案上提供技术援助。但是请记住，许多都是基于一年一栽制的垄栽设计的。多年一栽制通常比一年一栽制垄栽需要更密集的排水。在改善根际土壤排水上高垄和小平台是有用的。草莓不适宜种在重黏土上，更不适宜种在石砾土上。实践证明，需要通过频繁的浅耕栽培来管理杂草。

选择草莓地块时，需要考虑空气流通等因素。冷空气像水一样沿山坡向下移动，聚集在低洼区域，树和篱笆阻碍空气流通，这些"霜袋"增大了冬季冷害和春霜的危害。选择稍微有斜坡（3%～4%）的地点，空气流通好，可以降低冻害和霜害。空气流通好也可以加快叶丛、花和果的干燥，降低染病时间和发病率；空气流通好也是草莓有机生产时病害综合防治的重要环节。

草莓栽培对土壤要求不是很严格，但是土层浅、持水量低，会限制草莓根系的发育，导致植株小，产量低。人们认为植株要保持充足的生长量和产量水平，根系分布深度要大于 30.48 厘米。挖试验土穴有助于评估潜在的根系深度和排水问题，并能评估出定植前要采取什么措施对土壤进行管理。

3.3 土壤检测

种草莓前，要对土壤做尽可能多地了解，在定植前作出更好的管理决定。建议测定土壤的 pH、大量元素和微量元素的有效供应量以及有机质和阳离子交换量。研究表明，pH 在 6.0～6.5 范围内适合大多数草莓品种的生长。更多的信息可以参考表 6.1 中土壤的实验室检测项目，也可以参考第 6 节“养分管理”的内容。

在定植前一年或两年应对土样进行线虫分析，通过种植覆盖作物可以降低植物寄生线虫的密度，详情可以参考第 4 节“覆盖作物”中的内容。土样可以送到“农业和生命科学学院植物病害诊断室”进行线虫鉴定，详情可以浏览 www.plantclinic.cornell.edu 网站。线虫诊断采样的最佳时间是夏天，此时土壤湿润不干燥。在 3.04 亩[①]大小的地块上，随机采取至少 6 个土样。把土样轻轻混在一起，将 0.568 升混合土样装入塑料袋中，尽快送到诊断室内，不能立即送到实验室的土样需要冷藏保存。

① 亩为非法定计量单位，1 亩＝1/15 公顷≈667 米^2。

3.4 前茬作物的历史

选择地块时要考虑的另一个因素是前茬作物的历史。由于黄萎病菌能在土中存活多年，如果条件有利于黄萎病菌的发展，这对草莓栽培将是毁灭性的。最好前茬种过马铃薯、番茄、茄子或悬钩子的地块不要种草莓。前茬种过南瓜、黄瓜、辣椒和瓜类的地块危害轻一些，这些作物均是黄萎病菌的寄主，许多杂草也是黄萎病菌的寄主，尤其是细齿茄、酸浆、红根苋、藜（灰菜）。

种植草莓的地块应严格防除杂草，控制黄萎病菌较低的密度，用非敏感的禾本科草类和谷物类进行轮作（5～8 年轮作），已感染黄萎病的土壤上要尽可能地降低病原数量，但是却很难根除。过去曾观察到在有黄萎病的地块实行甘蓝类作物（芥子、嫩茎花椰菜和抱子甘蓝）的轮作，甘蓝类作物应种 2 年的时间，植株残体翻入土中。在黄萎病严重的地块只能栽种抗病品种或者采用长期轮作方式。

3.5 灌溉水源

草莓栽培需水量多，在选择地块时需要考虑的重要因素是灌水量和水质。草莓在生长期需要灌溉时，要求能提供充足的水分，栽苗前应该把灌溉系统安装好，以确保刚栽苗时的水分供应以及花期寒冷夜晚的喷水防霜。滴灌比高架喷灌更要省水，但防霜时需要用高架喷灌。没有高架喷灌时，采用滴灌需要用垄上覆盖进行防霜。草莓在地毯式栽培夏季结果时，每周需要 25.4～50.8 毫米的降水量，每个季节需要 635～762 毫米的降水。为了获得适宜的产量，应在草莓需水临界期——结果期和更新期保证充足的水分供应。在选地之前，需要对灌溉水源进行水分检测，以确定水的物理、化学和生物成分。灌溉水的 pH 应为 7.0 或低于 7.0，由于草莓是对盐敏感的植物，因此，灌溉水的盐含量应较低（＜0.2 西门子/米），最好＜0.1 西门子/米。污水或受有机肥污染的水不能用于草莓灌溉，花期和采收期只能用可饮用水灌溉。关于灌溉的更多信息请参见《草莓生产指南》。

4 覆盖作物

在草莓田栽种覆盖作物有利于土壤条件的改善，如可提高土壤有机质含量，消除或抑制杂草生长，提供植株养分，减少线虫密度，有助于水的渗入，保持有益真菌类的密度，有利于防控病虫害。种植和管理覆盖作物时，应考虑覆盖作物的栽培条件及要求，包括养分需求、敏感性、耐性，对根部病害和其他害虫的拮抗作用、生命周期、割除/翻入土中的方法，详情可参见表 4.1。

表 4.1 覆盖作物所需栽培条件和益处

种类	定植期	生命周期	适合的土壤类型	播种量（千克/亩）	评 价
紫花苜蓿*	4 月初至 5 月末	多年生	排水良好 pH6.0～7.0	1.04	如果允许过冬，可能很难将其翻入土中；如果第一次在地里播种，要用固氮根瘤菌拌种。
甘蓝类（如芥子、油菜）	4 月或 8 月末至 9 月初	一年/二年生	壤土至黏土	0.37～0.89	良好的双重目的：覆盖和饲料；在凉爽的天气里快速长成；在种子形成前割除或翻入土中；有生物烟熏消毒剂属性。
荞麦	春末至夏初	一个夏季	多种土壤	2.59～9.93	快速生长（暖季）；有效的连作作物或者宿生压草作物；对贫瘠土壤是良好的短期土壤改良作物；在种子形成前割除或翻入土中；冬天死亡。

（续）

种类	定植期	生命周期	适合的土壤类型	播种量（千克/亩）	评　价
黑麦	8月至10月初	一个冬季	沙土至黏土	4.45～14.83	最抗寒覆盖作物；通过化感作用防控杂草，效果明显；良好的填闲作物，快速萌发和增长；在种子形成前割除或翻入土中；翻入土中时，N为临时束缚态。
细的（红，硬）或高的牛毛草	4～5月或8月末至9月	多年生	多种土壤	5.19～7.41	生长好并易管理的永久覆盖作物，特别是在贫瘠、酸性、干燥或阴暗的地方；可以和种植前的作物合并；高牛毛草具有较高的活力，需要频繁的刈割，采用适度高的灌水；细牛毛草活力低，不需要频繁刈割，中等灌水量。
万寿菊	5月末至6月	一年生	多种土壤	0.37～0.74	冬季死亡；有生物烟熏消毒剂属性。
燕麦	4月中旬或8月末至9月中旬	一个夏季	淤泥或黏壤土	4.45～7.41	春种6月下旬翻入土中；生长快速；理想的速生覆盖作物；夏末种植，冬天死亡。
黑麦草	8月至9月初	一个冬季或短暂多年生	多种土壤	1.04～2.59	翻入土中时，N为临时束缚态；生长迅速；有效的连作作物；重氮和水分的使用者。
高粱—苏丹草	春末至夏季	一个夏季	NI	3.71～6.67	在炎热的天气，是巨大生物能的生产者；良好的填闲或覆盖作物；生物烟熏消毒剂属性。

（续）

种类	定植期	生命周期	适合的土壤类型	播种量（千克/亩）	评 价
草木樨*	4月初至5月中旬/8月初	一年/两年生	多种土壤	0.89～1.48	良好的双重目的：覆盖和饲料；不需要添加氮；可能需要在其翻入土中前刈割；在种子形成前割除或翻入土中。
苕子*	8月	一年/两年生	多种土壤	2.22～2.97	不需要添加氮；在种子形成前割除或翻入土中。
小麦	9月初至9月中旬	一个冬季	多种土壤	5.93～7.41	在种子形成前割除或翻入土中。

改编自 M. Sarrantonio，《东北部覆盖作物手册》，1994；大西洋中部，《商业种植者的浆果指南》，2008，宾夕法尼亚州立大学；《浆果作物病虫害管理指南》，2009，康奈尔大学；M. Pritts 和 D. Handley 等人发表的《草莓生产指南》1998。

* 豆类植物可能受益于第一次与固氮菌接种并种植在地里的种苗。请和认证机构共同检查接种体的来源。

4.1 覆盖作物的目的和栽种时期

覆盖作物在草莓生产过程中能起到重要作用，特别是在种草莓前一年，可以提高土壤有机质含量、消除不透水层、防侵蚀、抑制或去除杂草。选择覆盖作物时需要考虑的因素是：能增加含氮量，掩盖杂草，减少线虫的密度。种草莓前，把覆盖作物翻入土中可以达到最佳的效果。

夏末种植覆盖作物可以抑制一年生杂草的生长，用以改善土壤结构，提高土壤有机质和含氮量。种草莓前在秋末或早春把覆盖作物翻入土中，某些作物（如万寿菊、苏丹草）还能降低线虫的密度。另外，某些覆盖作物（如一年生黑麦、黑麦草）可以通过一种植物化学物质抑制另一种植物的化感作用来抑制杂草的生长。黑麦用作覆盖作物时，其残体通过化感作用对杂草产生抑制。黑麦残体在土壤表面释放的化学物质可以抑制许多杂草和阔叶草的种子发芽以及幼苗生长。可在杂草长高之前把杂草割平撒在地表。

覆盖作物种植的时期和目的可参见 Cornell's online decision tool. 网站。虽然这个网站主要是为蔬菜种植者设立的，但是它里面有各种覆盖作物的信息。从《东北部覆盖作物手册》中也能找到你所需的最佳覆盖作物。

覆盖作物保留在地表易于作物轮作，利于保存土壤水分，但残体内含有的氮素容易损失，带入土中的总有机质量将会减少，翻动覆盖物将会加快其降解和氮素从残体中的释放。种草莓前对于含氮量低的草类覆盖作物，应于秋季翻入土中，以便有充足的时间降解；含氮量高的豆科类作物易降解，在定植前一个月翻入土中即可。

4.2 豆类作物

豆类作物被看作是潜在的氮源。豆类作物第一次种在土壤中时有利于固氮菌的形成。请和你的认证员一起检查接种菌的来源。豆类作物如红三叶草和毛叶苕子，通常会同时受益于一个覆盖作物，通常是一个小黑麦或小麦等谷物。这些覆盖作物比豆类作物的生长速度要快，可提高土壤稳定性并减少定植期杂草的生长，同时在冬季来临前，为豆类作物的生长提供养分。为了从种植的豆类作物中获得充足的氮量，通常在春季晚些时候，豆类作物开花时，将其翻入土中。

5 品种选择

选择草莓品种时要考虑的重要因素是销售目的，从而决定栽种六月品种或是日中性品种。还要考虑草莓采下后是否运输，如果需要运输，就需要选择货架寿命长、耐运输的品种。品种间风味差异很大，风味与耐运输性状呈负相关。风味也因土壤类型、植株养分和灌溉情况而不同。风味和耐运输是草莓最重要的性状，需要根据这两个性状来选择品种。更多关于草莓品种的信息可以在线参阅《草莓生产指南》一书和苗圃目录（www.nraes.org/）。

因为用于病害防治的杀菌剂有限，所以在有机草莓生产中，品种的抗病性强弱是至关重要的因素。在纽约州草莓有机生产中最有潜力的六月结实品种有：

早光（早熟）

拉缪尔（早中熟）

米萨比（中熟）

威诺娜（中熟）

全明星（中晚熟）

克兰斯（晚熟）

品种间对真菌病害的敏感性差异很大，有些品种对害虫不太敏感，如果栽种对病害敏感的品种，那么品种对病害敏感性强弱、地点、卫生条件和栽培技术将会显得越来越重要。表 5.1 列出了美国东北部地区草莓品种对病害的敏感性。表中未包括纽约州有机栽培的所有草莓品种。一些抗病的新品种没有列入，包括指南中介绍的一些品种，如‘山谷晚霞’（AC Valley Sunset）、

‘达王’（‘Daroyal’）、‘赫瑞特’（‘Herriot’）、‘蒙特瑞’（‘Monterey’）、‘波特拉’（‘Portola’）和‘瑞考德’（‘Record’）。

表 5.1 不同草莓品种的相对抗病性*

品种	病害敏感性[a]						
	LSc	LSp	LB	RS[b]	PM	VW	AT
阿尔宾	U	I	U	R	I	R	I
全明星	T-R	S-T-R	S	R-VR	T-R	I-T-R	VS
阿纳波利斯	S	S	U	T-R	S	S	U
卡文迪什	R	R	U	R	U	T-R	U
常德乐	U	S	S	S	R	U	VS
克兰斯	T	T	T	R	R	R	R
达赛莱克特	T	S	S	U	S	U	U
早光	R	S-I-R	S	I-R	S-I-R	I-T-R	S
艾薇艾 2	U	U	U	T	T	T	U
哈尼	T-R	S-T-R	U	S	S-I	S	U
宝石	R	R	U	S	T	S	U
肯特	I-R	S-R	U	S	S	S	U
拉缪尔	T	T	T	T	R	R	R
晚光	T-R	T-R	S	R	S	R-VR	U
米萨比	T	T	U	R	U	R	U
米拉	U	U	U	R	U	U	U
东北风	T	T	U	R	U	R	U
奥扎克美人	U	R	U	S	U	S	U
红首领	R	S-R	VS	R	S-R	I-R	VS
火花	S-I	S-R	U	S-R	R	I-S	U
贡品	T	T	U	R-VR	R	T-R	U

（续）

品种	病害敏感性[a]						
	LSc	LSp	LB	RS[b]	PM	VW	AT
三星	T	T	U	R	R	R	U
文蒂	T	S	U	I	T	S	U
威诺娜	R	R	U	R	U	T	U

注释：VS：很敏感，S：敏感，I：中等，T：耐病，R：抗病，VR：极抗病，U：不清楚。

由于不同地点试验结果不同，同处出现了多个字母。

* 本表中的相对抗病性指的是在常见生长条件下品种的相对抗病性。但在适宜病害发展的条件下，任何品种的病害表现会更严重。

a. LSc：叶灼病，LSp：叶斑病，LB：拟茎点叶枯病，RS[b]：红中柱根腐病，PM：白粉病，VW：黄萎病，AT：炭疽病。

b. 品种不是抗红中柱根腐病的所有生理小种。

种植者必须考虑自己在什么地方获得的母株。根据美国农业部§205.202监管规定“生产者必须使用有机生产的种子、一年生苗和母株。当有机产品在商业上不能大量供给时，生产者可以使用未经处理的非有机种子和母株。当一个有机产品或未经处理的产品在商业上不能供给时，可以采用经国家名录列出的药剂处理的种子和母株。在有机生产管理下至少一年的用于多年生产的母株可以按有机种苗标准销售。如果种子、一年生苗和母株用禁用药剂进行了处理，但是该药剂是联邦和州允许使用的，那么可以用这些种苗进行有机生产”。由于可利用的有机认证草莓种苗是有限的，种植者可以向他们的认证机构声明采用非有机种苗。

6 养分管理

为了长出健壮的植株，土壤必须提供充分的养分供应以满足植株对养分的需求。有机栽培中面临的问题是养分平衡问题，只有充分且平衡的养分供应才能保证植株健康生长。任何一种营养元素缺乏都会限制植株的生长，且降低产量和品质。草莓有机栽培时养分管理的关键因素包括定植前土壤 pH、养分调节；定植后养分调节；根据 C/N 比为植株提供适宜的氮量。

有机生产者经常谈起给土壤施肥而不是给植株施肥，更准确地说，有机生产者重点是把肥料施给了土壤微生物而不是植株。土壤微生物降解并能把有机质转化成像腐殖质那样稳定的物质。在整个生长期，土壤有机质一直进行着降解，降解程度与土温、水分供给和土壤质量有关。释放的养分吸附在土粒或腐殖质上，并能供草莓或覆盖作物生长之用。堆肥、覆盖作物或植株残体也能为微生物提供养分来源，当这些有机物翻入土壤后，养分循环再一次开始。

种植者的目标是提高资源（土壤、水分和养分）利用率，使植株生长和果品产量达到最佳。植株大小和产量受水分和养分供给的影响（例如适宜的养分吸收需要适宜的水分），叶片少生长不好的弱株获取的光照也不充足，无法保证当年的产量，也无法为第二年分化出足够数量的花芽；相反，如果植株生长过旺，枝叶过于茂盛和浓郁，就会导致水分利用率低，易受冻害及病虫危害，产果少。有机草莓生产应注意均衡养分供给，通过灌溉、有机质含量、土壤 pH 和微生物活性达到使植株健壮、高产优质的目的。

当上一年贮存的养分耗尽，春季叶和果生长旺盛时是需要养分最多的时期。株龄、营养生长和产量是决定生长期养分需求量的关键因素。

6.1 土壤和叶片分析

定期进行土壤和叶片分析有助于检测养分含量。要选择好的养分检测室（表 6.1），避免因浸提方法不同而造成结果不一致。建议叶片分析结果和土壤分析相结合用以评定植株的营养状态，确保土壤中的养分以适宜的量供给植株，建议在每一个测试地块都进行土壤和叶片分析。对于问题果园，叶片分析结果有助于指导合理施肥，如果有必要的话，应坚持进行土壤和叶片分析。

表 6.1 养分检测的实验室

化验室	网　址	土壤	叶片	堆肥/肥料	牧草
农业一1 号（康奈尔建议）	www. dairyone. com/AgroOne/	×	×	×	×
农业分析有限公司	www. agrianalysis. com/		×	×	
A&L. 东部农业实验室	www. al-labs-eastern. com/	×	×	×	
宾夕法尼亚州农业分析实验室	www. aasl. psu. edu/	×	×	×	
马萨诸塞州大学	www. umass. edu/plsoils/soiltest	×	×	×	
缅因州大学	www. umesci. maine. edu/	×	×	×	×

表 6.2 表明了在美国东北部地区 7 月末或 9 月初采集的草莓叶片成分的临界值。定期进行土壤检测有助于测定养分含量，特别是磷和钾的含量。这些养分的来源取决于土壤类型和土壤管理水平。有些土壤本身富含磷和钾；施过有机肥的土壤，磷和钾含量会升高。有机草莓生产中通过土壤有机质降解或增施特定的速效养分来满足植株所需。许多类型的有机肥均可补充土壤养分，在用前都需得到认证员的许可。

表 6.2　草莓叶中营养元素缺乏、充足和过剩时的含量

养分	符号	临界值（除注明外，均为毫克/千克）		
		缺乏	充足	过量
氮	N	1.90%	2.00%～2.80%	4.00%
磷	P	0.20%	0.25%～0.40%	0.50%
钾	K	1.30%	1.50%～2.50%	3.50%
钙	Ca	0.50%	0.70%～1.70%	2.00%
镁	Mg	0.25%	0.30%～0.50%	0.80%
硫	S	0.35%	0.40%～0.60%	0.80%
硼	B	23	30～70	90
铁	Fe	40	60～250	350
锰	Mn	35	50～200	350
铜	Cu	3	6～20	30
锌	Zn	10	20～50	80

（引自《草莓生产指南》，普里茨（1998）编著，第七章“土壤和养分管理”．M. Pritts 和 D. Handley 等人，NRAES-88，伊萨卡岛，纽约。）

注：%指草莓干叶重的百分数。

6.2　土壤 pH

建议种植草莓的土壤 pH 维持在 6.0～6.5 为宜。依据土壤测定结果确定石灰（提高 pH）或硫（降低 pH）的施用量。石灰或硫的用量取决于土壤质地、当前的 pH 和有机质含量。按照土壤测试的建议，在种草莓前施入适量的石灰或硫。用石灰或硫调节土壤 pH 常需要花费一年的时间。pH 为 6.0～6.5 的偏酸土壤可以避免微量元素的缺乏。

颗粒状硫磺施入土中的效果要好于粉状硫磺，因为前者容易操作，覆盖均匀且价格便宜。颗粒状硫磺需要一年多的时间才能被氧化，使土壤 pH 降低；粉状硫磺需要 6～9 个月的时间被氧化。同样，粉状石灰更难操作，但是在提高土壤 pH 上它比颗粒状石灰效果快。

6.3 养分调节

按照土壤检测建议，应对种草莓的地块补施养分。要重点注意土壤检测报告中钾、磷、镁、钙和硼的测试结果。为了获得合理的建议，需要注明分析室磷的浸提方法。按照定植前的建议，一般不需要增施钾和磷，除非土壤为纯沙土。由于草莓植株对钾的需求极高，因此，土壤中钾的供给要充足。美国东北部地区草莓园中硼的含量通常很低。

在整地时，按叶片分析情况确定基肥的用量。当缺钾时，钾的适宜用量为 7.41 千克/亩，最好在秋季施用。有机钾肥的来源可以参见表 6.3。要注意 K/Mg 的比例，如果大于 4，就应补施镁肥，钾肥易诱导镁的缺乏症。因此，K/Mg 比例应低于 5。

表 6.3 有机肥料中钾的供应量

来　源	需要 K_2O 的肥料量（千克/亩）				
	1.48	2.97	4.45	5.93	7.41
硫—钾—镁 22%K_2O，11%Mg	6.67	13.34	20.02	26.69	33.36
木灰（干，细，灰） 5%K_2O，也能提高 pH	29.65	59.31	88.96	118.62	148.27
苜蓿粉* 2%K_2O，2.5%N 和 2%P	74.14	148.27	222.41	296.54	370.68
海绿石或砂岩 1%K_2O（4 倍）**	593.08	1 186.16	1 779.24	2 372.32	2 965.40
硫酸钾 50%K_2O	2.97	5.93	8.90	11.86	14.83

* 只能用非转基因的苜蓿，认证员要检查。

** 由于某些肥料释放速度太慢，所以用量需加倍。定植前施肥并翻入土中。

草莓生产上易出现缺镁症状，影响镁有效供应的因素包括土壤 pH 和过量的钾。在草莓生产园镁含量低时易出现缺镁症状，建议每亩施入有效镁 0.74～2.97 千克，但是要按照叶片分析的建议实施。

美国东北部草莓园含硼量偏低。如果不需要施硼，那么在任何年份施硼量不宜多于 148.27 克/亩。施硼的最佳时间是更新时去除老叶后。关于许可使用的镁和硼肥的信息，请咨询认证员。

草莓对磷的需求相对较低，在整地前通常不需要磷。表 6.4 列出了磷的有机肥源。

表 6.4 有机肥中磷的用量

来 源	需要 P_2O_5 的肥料量（千克/亩）				
	1.48	2.97	4.45	5.93	7.41
骨粉 15% P_2O_5	9.64	20.02	29.65	39.29	49.67
磷酸盐 30% P_2O_5（4 倍）*	20.02	39.29	59.31	81.55	96.38
鱼粉 6% P_2O_5（9% N）	24.46	49.67	74.14	98.60	123.81

* 一些肥料释放缓慢，所以要加倍用量。定植前撒施并翻入土中。

6.4 氮肥的预算方案

堆肥的 C/N 比能说明 N 释放到土壤溶液中的状况。当降解材料的 C/N 比低时（大量 N），微生物把过量的 N 释放到土壤溶液中；当降解材料最初 C/N 比高时（极少的 N），微生物会利用各种 N 来供应自己生长，而几乎不留 N 供应草莓植株，这可能造成 N 的短暂缺乏。一旦降解过程变缓，这些微生物就会死亡，它们会把 N 释放到土壤中供植株生长。经验法则是，如果 C/N 比小于 20 或有机肥含氮量多于 2.5%，那么将会有足够的 N 供给微生物和植物。在更新期施入氮肥的原因之一是为了克服草类（C/N 比高）翻入土中后所引起的氮的短暂缺乏。

应制定一个研究计划用以估测各种土壤有机质、覆盖作物、堆肥和有机肥释放的养分量。土样可以送到康奈尔土壤健康检测室，包括检测氮的矿化率，它代表了土壤有机质内氮的潜在释放率。检测者将对送来的土样与其他纽约州的土样进行比较并提供反馈意见。随着时间的推移，结果可用于监测有机生产中氮矿化率的变化。

对于氮肥的管理需要制定计划以确保植株需要N时有充足的供应。制定草莓有机生产氮肥的预算方案，通过各种修订以及原生土壤有机质来估算氮的释放量。表6.5列出了各种有机肥及其养分含量。对于堆肥和有机肥，应在分析实验室测定养分含量，而覆盖作物应在饲料检测实验室测定（表6.1）。了解这些数值将有助于评估草莓的施氮方案（表6.6），判断是否为草莓生长提供了适宜的氮量。

表6.5　常见动物有机肥养分含量的估测

有机肥	N	P_2O_5	K_2O	N1[1]	N2[2]	P_2O_5	K_2O
	养分含量（千克/吨）			第一季速效养分含量（千克/吨）			
奶牛圈肥	4.05	1.8	4.5	2.7	0.9	1.35	4.05
马圈肥	6.3	1.8	6.3	2.7	1.35	1.35	5.85
家禽肥	25.2	20.25	15.3	20.25	7.2	16.2	13.95
牛粪沤制肥	5.4	5.4	11.7	1.35	0.9	4.5	10.35
禽粪沤制肥	7.65	17.55	10.35	2.7	2.25	13.95	9.45
禽粪颗粒肥[3]	36	46.8	21.6	18	18	37.35	19.35
猪粪（无杂草）	4.5	4.05	3.6	3.6	1.35	3.15	3.15
	养分含量（克/升）			第一季速效养分含量（克/升）			
猪粪（液体）	5.94	6.54	2.97	2.97*	2.38＋	5.23	2.73
奶牛粪（液体）	3.33	1.55	2.97	1.66*	1.31＋	1.19	2.73

1）施用有机肥12小时内，供给植株的总氮量。

2）施用有机肥7天后，供给植株的总氮量。

3）家禽类的颗粒肥。

* 注射；＋ 翻入土中。

改编自卡尔罗森、比尔曼和宾夕法尼亚州立大学农学指南《使用肥料和堆肥作为水果和蔬菜的营养来源》。

采用土壤测定值，估计土壤中每 45 千克有机质可释放 9 千克氮。由各种有机肥总氮量的测试结果表明，第一年总氮量的 50％供应植株，接下来的两年每年把剩余氮量的 50％释放到土壤中。因此，当施用了 45 千克氮的有机肥后，第一年有 22.5 千克氮量可供植株生长，第二年有 11.25 千克，第三年有 5.625 千克。当施用未腐熟的有机肥时，切记和认证员确认施肥—采收期间隔期，间隔期至少为 120 天。为了防止养分流失，不要把未腐熟的有机肥施到地面。

人们估计第一年堆肥中氮量的 10％～25％可供应植株生长。检测每种混合堆肥不同养分的实际供应量显得很重要。堆肥的腐熟程度将影响氮的供应量，如果未腐熟，第一年将有更多的氮供给植株生长。请注意：一般而言，用堆肥来为草莓提供养分不是一种经济可行的方法。从为植物提供单位重量的氮而言，堆肥体积大，运输和人工施肥都会非常昂贵。人们认为多数不易分解的堆肥可以作为土壤改良剂，提高土壤健康状况，改善微生物多样性、可耕性和保存营养容量。

由含氮量不同的有机肥总量可以估测土壤中氮的供应能力。由于土温、水分、植株生理状态对土壤养分的释放和吸收均产生影响，因此，在草莓生长期难以保证养分的适时而充分的供应。初期，种植者可增施 25％的氮肥，这样可以防止氮素的缺乏从而影响产量。请记住：随着土壤肥力的提高，土壤氮素矿化速率将会增加。这意味着由于土壤微生物活性和多样性的增加，有机肥将为植株生长提供更多的氮素。不同类型的有机肥有利于培养不同种微生物，有助于各种微生物群落的增长，确保土壤肥力的增强。

表 6.6 为草莓年度施氮方案。用叶片分析的方法测定草莓园的营养状况，按 6.1 节的要求调控氮肥的使用。有机生产系统面临的主要问题是有机肥养分，特别是氮的释放要与植株的需求相适应。在低温土壤里，微生物活性降低，养分释放太慢以致不能满足草莓生长发育的需求。一旦土温上升，养分释放量就可能超

过草莓植株的需求。在有机养分长期管理过程中，生长期开始前，大部分植株需要的养分以有机物的状态存在。早期植株所需的养分可以用可溶性好的有机肥补施，如腐熟好的禽粪有机肥或有机袋装肥（参见表 6.5 和表 6.7），这些肥料价格较贵，因此，在行间 30.48 厘米宽的位置施用最为有效，可以在 5 月和 6 月初开沟施用。注意春季施用会增加果实感染灰霉病的风险。

表 6.6 草莓的年度施氮方案

定植期（年）	实际施氮量（千克/亩）	施肥时间
0	4.87	6 月初[a]
	4.87	9 月初[a]
1+	5.19	更新期
	4.87	9 月初[b]

[a] 施肥前确保植株生长良好。

[b] 依据叶片分析调节肥量。

表 6.7 有机肥中的有效氮量

来 源	需氮肥量（千克/亩）				
	1.48	2.97	4.45	5.93	7.41
血粉 13% N	11.12	22.98	34.10	45.96	57.08
豆粉 6%N（1.5 倍）*，2% P 和 3% K_2O	37.07	74.14	111.20	148.27	185.34
鱼粉 9% N，6%P_2O_5	16.31	32.62	49.67	65.98	81.55
苜蓿粉 2.5%N，2%P 和 2% K_2O	59.31	118.62	177.92	237.23	296.54
羽毛粉 15%N（1.5 倍）*	14.83	29.65	44.48	59.31	74.14

* 某些肥料肥效太慢，施用时要加倍。

表 6.7 列出了常用肥料的种类、养分含量以及提供不同氮量时所需的施用量。这些数据来自缅因大学土壤化验室。

7 有机草莓病虫害综合治理（IPM）

在纽约州，草莓生长期正值多雨期，易导致病虫和杂草的大发生，所以实施有机草莓生产面临着巨大挑战。然而，在纽约州和美国东部的草莓种植者，通过适当的品种和地点的选择，严格进行栽培管理并注意环境卫生，每周进行病虫预测预报，早期防止病虫大暴发，已成功地生产出了优质的有机草莓。

7.1 制定 IPM 策略

①仔细检查草莓种植技术，把草莓田分成特定的种植区或“草莓区组”。

②绘出每个种植区（或区组）的分布图，把发现的问题记录下来，如杂草、害虫暴发、养分缺乏、排水问题、缺株及其他不正常的问题。

③对每一个种植区或区组实施记录制度。

④对每个区组采用预测预报计划，并记录结果。

⑤检查并记录气候因素，了解本地区基本的气候变化模式。

⑥详细记录喷药情况、所用工具或病虫害综合治理方案。

⑦经常维修保养设备，校准喷雾器，选择适宜的喷头，减少喷雾偏差。咨询康奈尔大学“农药应用技术”网站：http：//web. entomology. cornell. edu/landers/pestapp/，或《草莓生产指南》NRAES－88，可以从以下网址购买：http：//palspublishing. cals. cornell. edu/。

⑧要全面了解一年中草莓生产上可能遇到的所有病虫害问题，包括基本的病虫害生物学、病害症状、它们是主要病害还是次要病害、危害阈值以及进行综合治理的最佳时间。

⑨依据收集到的所有信息确定种植区（或区组）病虫害综合治理方案，并采用最适宜的方案。

⑩继续进行病虫害综合治理培训。

其他可查阅的网站有：

纽约州 IPM 网站：nysipm. cornell. edu/fruits/

康奈尔果树资源：www. fruit. cornell. edu

纽约州浆果 IPM 病虫害网页索引：nysipm. cornell. edu/factsheets/berries/

康奈尔大学农药管理培训项目：pmep. cce. cornell. edu/

康奈尔大学农药应用技术：http：//web. entomology. cornell. edu/landers/pestapp/

纽约州草莓 IPM 技术要点：www. nysipm. cornell. edu/elements/strawb. asp

环境和气候应用网站（NEWA）：newa. cornell. edu

浆果诊断工具：www. hort. cornell. edu/diagnostic

7.2 杂草管理

对于草莓种植者来说杂草管理是一个重大的问题。杂草和草莓争夺水分和养分，是草莓园生态系统的一部分；杂草也是一些病虫害的寄主，妨碍种植操作；杂草生长改变了植株周边的小气候，使病虫害风险加大。在草莓有机生产中，定植前需要整地，通过 2～3 年种植覆盖作物可以去除杂草。耕作也可为控制杂草的生长提供持久而良好的帮助。表 7.1 概述了草莓园杂草的管理技术。

表 7.1　在草莓园中不用除草剂的杂草管理

年　份	月　份	无除草剂的选项
定植年	4～5 月	耕作整地
	5 月	耕作
减少杂草的关键期	定植后 6 月中旬	耕作
	7 月中旬	耕作
	8 月中旬	耕翻
	10 月	耕翻
	11 月下旬	冬季覆盖保护
结果年份	3～ 4 月	去除覆盖
	5 月初	人工除草
	采后 7 月下旬	割除老叶，窄行用耕翻机
	9 月	耕翻
	11 月	冬季覆盖

定植前通过精细整地对去除多年生杂草至关重要。做好定植前准备工作，采用覆盖作物轮作，作物覆盖可以大大降低杂草的生长。在定植前种植“绿肥”覆盖作物，通过多次耕翻能明显去除多年生杂草。关于覆盖作物的详细信息可参见第 4 章。请注意：过度的耕翻会导致不良后果，如土壤侵蚀、土壤有机质减少、土壤结构受到破坏、通透性变差、土壤更紧实。

草莓生长期间，把杂草的竞争控制到最低限度，可以使草莓生长健壮，获得高产。第一年栽种好苗后，需要定期人工除草、中耕，不能让杂草结籽。草莓园四周的杂草也要及时割除，防止杂草种子传播到草莓园里。如果第一年入冬前，植株是健康的、密集的，并且无杂草，那杂草问题在随后的几年也会减少。一些种植者在 5 月底或 6 月初通过加大草莓种植密度以减少杂草危害。

草莓有机生产中最为困难的是控制行内杂草。如果每年都要把膜从土上去除，那么草莓有机生产中只能用塑料类的无机膜进行覆盖。意大利最新研究表明，采用生物降解（淀粉）的膜不需要从土壤中去除，这在今后草莓生产上表现出良好的应用前景。

有机覆盖也可用于杂草管理。在土壤湿度和肥力低、植株矮小、产量低的地区进行有机覆盖非常有效。为了达到较好的除草效果，有机物覆盖厚度至少为0.1米，潜在的有机覆盖物包括稻草、干草、锯末和木屑。地毯式种植的草莓用秸秆（小麦或黑麦秸秆最好）覆盖进行冬季防寒，撤除防寒物后把秸秆盖到行间以抑制杂草生长。秸秆覆盖是草种的主要来源，因此，购买稻草之前一定要进行检查。用麦秸或干草在行间覆盖能抑制杂草生长，同时这种方法也能很好地保持土壤水分，增加土壤有机质含量。可以从所在县水土保护办公室申请资金援助，帮助支付覆盖物费用。

草莓园除草也可采用机械、热量和动物方法实施。机械和热量的方法包括定式锄、旋耕机、火焰喷射器、蒸汽机和热水喷头。在美国，有机草莓园利用动物吃草也获得了一些成功。用鹅、珍珠鸡和羊吃草有一些效果，但是由于食品安全问题，人们担心动物粪便中的微生物杂菌会污染草莓果，所以只能在定植当年（未结果时）用动物控制杂草。特别是在地毯式草莓生产中，带刷的机械锄除草效果较好。刷把匍匐茎移回到行内，与其他器械比较，这种方法可以在行间进行操作。在田间通过机械覆盖一层锯末可以抑制杂草种子的发芽。

地面喷施除草剂时，可以采用下面公式计算所需浓度。例如，如果草莓苗按2.44米宽的行间种植，行间有1.22米宽的草道，在行内有1.22米宽的无草带，这样每种植1亩草莓只需要除草剂规定量的50%。

$$\frac{\text{无草带宽度}}{\text{行间距离}} \times \text{建议每亩除草剂的使用量} = \text{每亩除草剂的实际用量}$$

本指南完成的同时，纽约州有机生产上可用于管理这些病虫害的药剂也作了注册。在杀虫剂标签上列出了每一种害虫，但不能保证每种杀虫剂都是有效的。杀虫剂登记状态能够并且已经改变。目前杀虫剂必须在纽约州环保部注册，确保杀虫剂在纽约的使用合法化。杀虫剂达到EPA法规的

40CFR 章 152.25（b）[也称为 25（b）杀虫剂] 要求的不需要注册。目前，纽约州杀虫剂的注册可以在农药产品、原料、生产系统网站（PIMS）上查到：http：//pims. psur. cornell. edu。在使用新产品前，要和认证员一起确认。

注释：对于有机草莓生产者来说，单用有机除草剂不能取得满意的除草效果。

表 7.2　草莓园杂草管理中注册的有机除草剂

商品名（有效成分）	产品用量	PHI（天数）	REI（小时）	有效性[1]	说　明
绿火柴 EX（柑橘提取物—d-柠檬烯）	14%溶液	—	—	4	25（b）农药。关于一些阔叶树如芸薹属植物的有效性的报道。每亩最低喷药量为 37.5 升，每亩每次喷药不能超过 5.3 升。

[1] 有效性：1. 在一些研究中有效；2. 效果不一致；3. 无效；4. 效果未知。

7.3　病虫害管理原则

当草莓生产受到病虫害的严重威胁时，了解这些相关因素就能确保病虫害的有效控制。病虫危害程度主要取决于植物（寄主）的特性和条件、病虫害密度及环境条件，这些因素都有利于病虫害的发生。

影响寄主抗病虫能力的性状包括长势、生理状态和品种（遗传）。进攻性或致病力、密度和生理状态是影响病虫害危害程度的因素。同时，温度、光照、湿度和土壤化学成分等非生物因素对寄主和病虫害的发病状况均有影响，而且，天敌的存在、密度和活性对病虫害状况也起着重要作用。病虫害和寄主经过多年的共同进化，可以在最适宜的时间刺激病虫危害。为了把病虫危害控制到最低限度，寄主、病虫害和环境等相关方面必须在特定的时间框架下综合协调管理。

虽然在生物学方面虫害和病害有很大区别，但它们的生命周期有很多共性，在单套技术措施下可以得到成功防控。这些原则包括驱避、铲除和保护，下面逐一定义。

驱避：这种方法重点防止病原菌侵入，最大限度地减少有利于病虫害形成的因素。驱避病虫害的几项技术包括：

• 选择排水好的地块种草莓，在草莓园安装排水管效果稍差一些，结合高垄和小平台可以促进土壤排水。

• 选择空气流通的地块种草莓，选开阔地促进空气流通，去除枯死的植株器官，去除杂草。这些措施可以使草莓园的果实和叶片处于干燥条件。

• 只种植无病虫害的母株。

• 把厚一些的膜覆盖在植株四周，防止雨水飞溅导致土粒扩散。

• 加强杂草防除管理，因为杂草是草莓致病菌和节肢类害虫（昆虫和螨）的宿主。

• 避免在患有大量病虫害植物附近种草莓。

防除：这项技术主要是减少病虫害的密度，这些技术包括：

• 保持草莓园卫生，去除患病的植株，包括过熟果、落叶和死株，降低病虫害的虫口密度。通过焚烧、粉碎、深埋和沤肥进行处理。

• 采用几种生物方法可以减少草莓病虫害的发生，包括苏云金芽孢杆菌和捕食螨，虽然有小夜曲等生物杀虫剂可以防治害虫，但目前为止，尚无可靠的生物方法用于防治病虫害。

• 化学杀菌剂、杀虫剂和杀螨剂可以把病虫密度控制在危害阈值以下，但是几乎很难根除。

保护：这一原则是建立在保护植株免受病虫危害的原则上，通过减少感染和损伤来保护植株。包括以下因素：

• 种植抗病虫的草莓品种。

• 由于许多致病菌、害虫和螨在多汁的组织上生长繁茂，因此避免氮肥的过量使用。

• 在植株周围地面上覆盖地膜，防止果实与土壤接触。

• 果实采收后，立即冷却，防止果实熟烂和虫子危害。

• 利用杀菌剂、杀虫剂或杀螨剂防治病虫危害。

7.4 主要病害

下面把美国东北部温带气候下发生的几种重要病害做一介绍，这样有助于种植者采用适宜的有机措施防治病害。

7.4.1 拟茎点霉叶枯病

叶斑初期为圆形、不规则的小斑点，浅红或紫色。随着病斑的扩大，病斑呈浅褐色，并有暗紫色晕圈，最后坏死。在主叶脉附近的较老病斑形成大的 V 形斑，最后叶片死亡。叶病害严重时会抑制第二年花芽的发育，并导致植株冻害，萼片易感染病菌，有时也会造成果实染病。

表 7.3 拟茎点霉叶枯病的防治方法

项　目	注　意　事　项
监测/阈值	尚未确定
品种抗病性	尚无草莓品种抗此病的报道
栽培管理	更新期销毁病叶（如割叶和深埋）将会减少病原菌数 促进空气流通（株行距和杂草控制）将减少叶面干燥时间，并缩短感染期

(续)

项 目	注 意 事 项
化学防治	当前一年的病原菌密度高时或条件利于病害形成时，建议早期喷施杀菌剂

本指南完成的同时，纽约州有机生产上可用于管理这些病虫害的药剂也作了注册。在杀虫剂标签上列出了每一种害虫，但不能保证每种杀虫剂都是有效的。杀虫剂登记状态能够并且已经改变。目前杀虫剂必须在纽约州环保部注册，确保杀虫剂在纽约的使用合法化。杀虫剂达到 EPA 法规的 40CFR 章 152.25 (b) [也称为 25 (b) 杀虫剂] 要求的不需要注册。目前，纽约州杀虫剂的注册可以在农药产品、原料、生产系统网站 (PIMS) 上查到：http：//pims.psur.cornell.edu。在使用新产品前，要和认证员一起确认。

表 7.4 已注册的防治拟茎点霉叶枯病的杀菌剂

商品名 (有效成分)	产品用量	PHI (天数)	REI (小时)	有效性[1)]	说 明
Badge×2 氯氧化铜、氢氧化铜	56.0～93.4 克/亩	—	48	?	
Champ WG (氢氧化铜)	149.5～224.2 克/亩	—	24	?	某些情况下可能造成植株伤害
CS 2005 (五水硫酸铜)	89.7～119.6 克/亩	—	48	?	
Cueva Fungicide Concentrate (辛酸铜)	5.0～20.0 毫升/升*	至采收日	4	?	产品稀释后每亩喷 31～62 升。
Milstop (碳酸氢钾)	149.5～373.6 克/亩	0	1	?	不要与其他农药或肥料混用，不能与碱性溶液同时使用。
NuCop 50DF (氢氧化铜)	149.5～224.2 克/亩	1	24	2	当环境利于发病时，可喷高浓度的药剂。如果出现药害的迹象，停止使用。铜可能会导致果实上的蓝斑。

（续）

商品名（有效成分）	产品用量	PHI（天数）	REI（小时）	有效性[1]	说明
Nu-Cop 50 WP（氢氧化铜）	149.5～224.2克/亩	1	24	2	当环境利于发病时，可喷高浓度的药剂。如果出现药害的迹象，停止使用。铜可能会导致果实上的蓝斑。
OxiDate Broad Spectrum（过氧化氢）	3.1～10.0毫升/升	0	至雾滴干	?	有疾病史的地块，需集中使用更高浓度的药量。用药均匀很重要。
PERpose Plus（过氧化氢/二氧化碳）	7.8毫升/升（初次/治疗）	—	至雾滴干	?	初期或治疗连续1～3天喷施较高剂量，之后每周一次或预防性使用。
	2.0～2.6毫升/升（每周/预防）				每周或预防性处理使用较低剂量，每5～7天1次。开始有症状时使用治疗剂量，之后每周做预防性处理。
Regalia生物杀菌剂（大虎杖花蒽醌）	311.7～467.5毫升/亩	0	4	?	初见症状时开始使用，之后每7～14天1次。

[1] 有效性：1. 一些研究有效；2. 效果不一致；3. 无效；?. 没有评价或没有研究结果。

PHI：采前间隔期；REI：限定的用药间隔期。

—：没有专门标注采收前间隔期。

7.4.2 叶枯病（*Diplocarpon earliana*）

直径为3.18～6.35厘米时为暗紫色叶斑，分布在叶正面或叶柄上，这些病斑与叶斑病有区别。叶枯病整个发病过程中叶斑均为紫色（中心没有浅色），许多病叶变红或浅紫色，最后枯死，呈烧焦状（枯焦）。病害加重时抑制了第二年的花芽发育，植株易发生冻害，萼片是病原菌的寄生场所。

表 7.5 叶枯病防治方案

项　目	注 意 事 项
监测/阈值	尚未确定。
品种抗病性	据报道有几个品种抗叶枯病，但是，来自不同州的报告常相互矛盾，因此在不同地区抗病性有差异。 多数结果表明‘全明星’、‘宝石’、‘卡诺加’、‘鲜红’、‘卡文迪什’、‘早光’、‘莱斯特’和‘首红’抗叶枯病，‘三星’和‘贡品’对叶枯病敏感，但耐感染。
栽培技术	更新期销毁病叶（割除或深埋）可以减少病原菌数量。 促进空气流通（植株稀植和除草）可以减少叶面干燥时间，从而缩短了感染期。
化学防治	和有机认证员确认可以使用的铜制剂。

本指南完成的同时，纽约州有机生产上可用于管理这些病虫害的药剂也作了注册。在杀虫剂标签上列出了每一种害虫，但不能保证每种杀虫剂都是有效的。杀虫剂登记状态能够并且已经改变。目前杀虫剂必须在纽约州环保部注册，确保杀虫剂在纽约的使用合法化。杀虫剂达到 EPA 法规的 40CFR 章 152.25 (b) [也称为 25 (b) 杀虫剂] 要求的不需要注册。目前，纽约州杀虫剂的注册可以在农药产品、原料、生产系统网站 (PIMS) 上查到：http://pims.psur.cornell.edu。在使用新产品前，要和认证员一起确认。

表 7.6 已注册的防治叶枯病的杀菌剂

商品名（有效成分）	产品用量	PHI（天数）	REI（小时）	有效性[1]	说　明
Badge×2 氯氧化铜，氢氧化铜	56.0～93.4 克/亩	—	48	?	
CS 2005（五水硫酸铜）	89.7 ～ 119.6 克/亩	—	48	?	

（续）

商品名（有效成分）	产品用量	PHI（天数）	REI（小时）	有效性[1]	说明
Cueva Fungicide Concentrate（辛酸铜）	5.0～20.0 毫升/升	至采收日	4	?	产品稀释后每亩喷 31～62 升。

[1] 有效性：1. 一些研究有效；2. 效果不一致；3. 无效；?. 没有评价或没有研究结果。

PHI：采前间隔期；REI：限定的用药间隔期。

—：没有专门标注采收前间隔期。

7.4.3 叶斑病（*Mycosphaerella fragariae*）

叶上病斑初期为小而不规则的紫色斑点，老病斑直径大小3.18～6.35 厘米时，近圆形，病斑中心由紫褐色变为灰白色。致病菌主要侵染幼叶、刚展开叶和叶柄，偶尔也侵染果实（黑种子）。叶患病严重时就会影响花芽发育，植株易受冻害，病原菌寄生在萼片上。

表 7.7 叶斑病管理方案

项目	注意事项
监测/阈值	尚未确定。
品种抗病性	据报道有几个品种抗叶斑病，但是不同州的结果不一致，因此抗病性在不同地区间有很大差异。 研究表明‘宝石’‘卡诺加’‘鲜红’‘莱斯特’抗病。 ‘三星’和‘贡品’不抗病，但抗传染性强。
栽培管理	更新期销毁病叶（割除或深埋）将减少病原菌的数量。 促进空气流通（稀植和除草）会缩短叶面干燥时间和染病期。
化学防治	当来自前一年的病原菌数量多或环境利于病害发生时，早期要喷施杀菌剂。

本指南完成的同时，纽约州有机生产上可用于管理这些病虫害的药剂也作了注册。在杀虫剂标签上列出了每一种害虫，但不能保证每种杀虫剂

都是有效的。杀虫剂登记状态能够并且已经改变。目前杀虫剂必须在纽约州环保部注册，确保杀虫剂在纽约的使用合法化。杀虫剂达到 EPA 法规的 40CFR 章 152.25（b）［也称为 25（b）杀虫剂］要求的不需要注册。目前，纽约州杀虫剂的注册可以在农药产品、原料、生产系统网站（PIMS）上查到：http：//pims. psur. cornell. edu。在使用新产品前，要和认证员一起确认。

表 7.8 已注册的防治叶斑病的杀菌剂

商品名（有效成分）	产品用量	PHI（天数）	REI（小时）	有效性[1]	说明
Badge×2 氯氧化铜，氢氧化铜	56.0～93.4 克/亩	—	48	?	
Basic Copper 53（硫酸铜）	149.5 ～ 224.2 克/（桶*·亩）	至采收日	24	2	铜可能会导致果实上出现蓝斑。
Champ WG（氢氧化铜）	149.5～224.2 克/亩	—	24	?	某些情况下可能造成植株伤害。
CS 2005（五水硫酸铜）	89.7 ～ 119.6 克/亩	—	48	?	
Cueva Fungicide Concentrate（辛酸铜）	5.0～20.0 毫升/升	至采收日	4	?	产品稀释后每亩喷 31～62 升。
Nordox（氧化亚铜）	224.2～373.6 克/亩	0	12	?	植株种好后开始应用，然后每周一次。
NuCop 50DF（氢氧化铜）	149.5～224.2 克/亩	1	24	2	当环境利于发病时，可喷高浓度的药剂。如果出现药害的迹象，停止使用。铜可能会导致果实上的蓝斑。
Nu-Cop 50 WP（氢氧化铜）	149.5～224.2 克/亩	1	24	2	当环境利于发病时，可喷高浓度的药剂。如果出现药害的迹象，停止使用。铜可能会导致果实上的蓝斑。

（续）

商品名（有效成分）	产品用量	PHI（天数）	REI（小时）	有效性[1]	说明
PERpose Plus（过氧化氢/二氧化碳）	7.8毫升/升（初次/治疗）	—	至雾滴干	?	初期或治疗连续1~3天喷施较高剂量，之后每周一次或预防性使用。
	2.0~2.6毫升/升（每周/预防）				每周或预防性处理使用较低剂量，每5~7天1次。开始有症状时使用治疗剂量，之后每周做预防性处理。
Regalia生物杀菌剂（大虎杖花蒽醌）	311.7~467.5毫升/亩	0	4	?	发病初期开始使用，之后每7~14天使用1次。
Trilogy（印楝油）	0.5%~1%溶液，15.6~62.4升/亩	—	4	?	每亩最大用量为1.25升。

[1] 有效性：1. 一些研究有效；2. 效果不一致；3. 无效；?. 没有评价或没有研究结果。

PHI：采前间隔期；REI：限定的用药间隔期。

—：没有专门标注采收前间隔期。

* 1桶＝62升，下同。

7.4.4 白粉病（*Podosphaera aphanis*）

染病叶边缘卷曲，有时叶背面出现白色、由菌丝体和孢子组成的粉状物。叶背面也常常出现浅红色至紫色的病斑。通常在仲夏或夏末症状才明显。秋季病叶出现很多胡椒粉状的黑色斑点（越冬孢子结构—闭囊壳）。

表7.9 白粉病防治方案

项目	注意事项
监测/阈值	尚未确定。
品种抗病性	关于品种抗白粉病的特性尚不清楚，如果有可能，尽量避免使用在纽约州易染病的品种，如‘卫士’、‘早光’、‘达赛莱克特’、‘早美人’、‘阿纳玻丽斯’等品种，‘拉瑞坦’染病性差些。

（续）

项　目	注　意　事　项
栽培管理	控制杂草，调节种植密度，促进空气流通。避免用氮过量，避免在空气不流通的地方种草莓。
化学防治	参见表 7.10。

本指南完成的同时，纽约州有机生产上可用于管理这些病虫害的药剂也作了注册。在杀虫剂标签上列出了每一种害虫，但不能保证每种杀虫剂都是有效的。杀虫剂登记状态能够并且已经改变。目前杀虫剂必须在纽约州环保部注册，确保杀虫剂在纽约的使用合法化。杀虫剂达到 EPA 法规的 40CFR 章 152.25（b）［也称为 25（b）杀虫剂］要求的不需要注册。目前，纽约州杀虫剂的注册可以在农药产品、原料、生产系统网站（PIMS）上查到：http：//pims. psur. cornell. edu。在使用新产品前，要和认证员一起确认。

表 7.10　已注册的用于防治白粉病的药剂

商品名（有效成分）	产品用量	PHI（天数）	REI（小时）	有效性[1]	说　明
生物类					
Actinovate-AG（利迪链霉菌 WYEC 108）	14.0～56.0 克/亩	0	1 小时或至雾滴干	?	为了达到最佳效果，在发病前应用展着剂或黏着剂。根据病害情况和环境条件，间隔 7～14 天后再喷 1 次。
Regalia SC（大虎杖花蒽醌）	0.5%～1.0% 溶液	7	24	?	一个预防性杀菌剂。在 189.27～378.54 升水中使用 0.02%的润湿剂。
油类					
冰川喷雾液（矿物油）	0.47 升/（桶·亩）	至采收日	4	?	具体用量和施用设备见标签说明。
黄金害虫喷雾油（豆油）	0.5% ～ 1% 溶液	—	4	?	

（续）

商品名（有效成分）	产品用量	PHI（天数）	REI（小时）	有效性[1]	说明
白粉愈（棉籽、玉米和大蒜油）	0.62 升/（桶·亩）	—	—	?	25（b）农药。
Organic JMS Stylet Oil（石蜡油）	1870.9 毫升/（桶·亩）	0	4	2	用油制剂时为了使药剂覆盖全面，要溶于大量的水。许多常用杀菌剂与油一起使用或在喷石蜡油前后使用具有植物毒性。要查看标签上的规定。
Organocide（芝麻油）	0.62～1.24 升（桶·亩）	—	—	?	25（b）农药。
PureSpray Green（石油）	0.47 升/（桶·亩）	至采收日	4	?	
Sporatec（迷迭香、丁香油和百里香油）	78.0～233.9/（桶·亩）	0	0	?	25（b）农药。用前做植物毒性试验。
SuffOil-X（石油）	0.62 ～ 1.24 升/（桶·亩）	至采收日	4	?	不可与硫制剂同用。
Trilogy（印楝油）	0.5%～1%溶液，15.6 ～ 62.4 升/亩	—	4	?	标签最大用量为每次每亩1.25 升。
铜类					
Cueva Fungicide Concentrate（辛酸铜）	5.0～20.0 毫升/升	至采收日	4	?	产品稀释后喷雾，每亩31～62 升。
硫制剂					
Kumulus DF（硫磺）	373.6～747.3 克/亩	—	24	1	两次试验硫产品均有效。

（续）

商品名（有效成分）	产品用量	PHI（天数）	REI（小时）	有效性[1]	说明
Micro Sulf（硫磺）	373.6～747.3克/亩	—	24	1	两次试验硫产品均有效。有些品种对硫敏感。
Microthiol Disperss（硫磺）	373.6～747.3克/亩	—	24	1	两次试验硫产品均有效。建议两周内不要使用油类药剂；或者喷药后的3天内如果温度超过32.2℃也不要使用。
其他					
Kaligreen（碳酸氢钾）	186.8～224.2克/亩	1	4	3	在一次试验中碳酸氢钾无效。不要与强酸性产品或营养液混用。
Milstop（碳酸氢钾）	150～370克/亩	0	1	3	在一次试验中碳酸氢钾无效。不要与其他农药或肥料混用。不能与碱性溶液同时使用。
OxiDate Broad Spectrum（过氧化氢）	311.8毫升/（桶·亩）（种前浸泡或喷施） 194.9～623.6毫升/（桶·亩）（叶部）	0	至雾滴干	3	有一次试验无效。种植前浸泡或喷施。叶面喷施。用药均匀很重要。初发病时使用，必要时反复使用。
PERpose Plus（过氧化氢/二氧化碳）	7.8毫升/升（初次/治疗）	—	至雾滴干	3	有1次试验无效。用作治疗时使用治疗剂量。初次或治疗时连续1～3天用较高的剂量，之后每周一次或做预防处理。
	2.0～2.6毫升/升（每周/预防）				每周或预防处理时，用较低剂量，每5～7天1次。初见病害症状时用治疗剂量，而后每周做预防处理。

（续）

商品名（有效成分）	产品用量	PHI（天数）	REI（小时）	有效性[1]	说　明
Sil-Matrix（硅酸钾）	0.5% ～ 1%溶液	0	4	?	每亩31～156升喷雾。

[1] 有效性：1. 一些研究有效；2. 效果不一致；3. 无效；？. 没有评价或没有研究结果。

PHI：采前间隔期；REI：限定的用药间隔期。

—：没有专门标注采收前间隔期。

7.4.5　灰霉病/葡萄孢果腐病（*Botrytis cinerea*）

葡萄孢果腐病通常先在花期结束时出现小病斑或是在与病果接触的地方开始发病。当果实还是青果的时候，染病部位变硬、变褐。随着果实的成熟，病斑扩展且软化。如果天气潮湿且空气不流通，或者只是空气不流通，病果上会出现灰色的孢子霉层。

灰霉病（葡萄孢果腐病）的综合防治说明书可以参见 nysipm. cornell. edu/factsheets/berries /botrytis. pdf。

表 7.11　灰霉病（葡萄孢果腐病）防控选项

项　目	注　意　事　项
监测/阈值	尚未确立。
品种抗病性	无已知的抗病品种。 感病不太重的品种有‘早光’、‘宝石’和‘克兰斯’。 ‘全明星’和‘黑貂’极易感病。
栽培管理	控制杂草及利用其他措施（如降低植株密度）有利于空气流通、使果面快速干燥，对于该病害的控制都是非常有利的。 春季施用氮肥能极大增加侵染的潜能。 及早收获成熟果实有助于减少病害的发展和蔓延。雇用小时工只摘除过熟果和病果，防止他人采摘对无病果实的侵染，对于病害控制也是有益的。过熟的果实不应该再销售。 对残次果应该掩埋或者在采摘过程中用物理方法从田间除掉。

（续）

项 目	注 意 事 项
化学防治	在灰霉病的防治中花期的保护至关重要。纽约的研究结果显示，只在开花初期和花后10天喷施两次杀菌剂，对灰霉病的防治就能收到很好的效果。如有持续降雨、浓雾或潮湿的天气，收获前对果实进行持续保护是必要的。

本指南完成的同时，纽约州有机生产上可用于管理这些病虫害的药剂也作了注册。在杀虫剂标签上列出了每一种害虫，但不能保证每种杀虫剂都是有效的。杀虫剂登记状态能够并且已经改变。目前杀虫剂必须在纽约州环保部注册，确保杀虫剂在纽约的使用合法化。杀虫剂达到EPA法规的40CFR章152.25（b）［也称为25（b）杀虫剂］要求的不需要注册。目前，纽约州杀虫剂的注册可以在农药产品、原料、生产系统网站（PIMS）上查到：http：//pims.psur.cornell.edu。在使用新产品前，要和认证员一起确认。

表7.12 用于防治灰霉病（葡萄孢果腐病）的杀菌剂

商品名（有效成分）	产品用量	PHI（天数）	REI（小时）	有效性[1]	说 明
Actinovate-AG（利迪链霉菌 *WYEC* 108）	14.0～56.0克/亩	0	1小时或直到雾滴干	1	叶部使用：发病前用喷雾器喷施效果最佳。
Cueva Fungicide Concentrate（辛酸铜）	5.0～20.0毫升/升	至采收日	4	?	产品稀释后喷雾，每亩31～62升。
Organic JMS Stylet Oil（石蜡油）	467.5 毫升/（桶·亩）	0	4	2	为了使药剂覆盖全面，用油制剂时要溶于大量的水。许多常用杀菌剂与油一起使用或在喷石蜡油前后使用具有植物毒性。要查看标签上的规定。
Milstop（碳酸氢钾）	150～380克/亩	0	1	3	有一次试验无效。
OxiDate（过氧化氢）	194.9～623.6毫升/（桶·亩）	0	至雾滴干	3	3次试验均无效。

（续）

商品名（有效成分）	产品用量	PHI（天数）	REI（小时）	有效性[1)]	说明
PERpose Plus（过氧化氢）	7.8 毫升/升（初次/治疗）	—	至雾滴干	3	3次试验均无效。初次使用或治疗使用时连续1～3天用较高的剂量，之后每周一次使用/预防处理。
	2.0～2.6毫升/升（每周/预防）				每周/预防处理用较低的剂量，每5～7天1次。初见症状时用治疗剂量，之后每周做预防处理。
Prestop（链孢黏帚霉J1446菌株）	5.2克/升	—	0	?	叶面喷雾。每9.3米^{2}喷1.89升药液。只在地上部无采收果品时使用。
Regalia Biofungicide（大虎杖）	311.7～467.5毫升/亩	0	4	?	初见症状开始使用，之后每7～14天使用1次
Serenade ASO（枯草芽孢杆菌QST 713菌株）	150～448克/亩	0	4	?	花期或开花前开始使用，每7～10天1次。
Serenade MAX（枯草芽孢杆菌QST 713菌株）	74.7～224.2克/亩	0	4	?	花期或开花前开始使用，每7～10天1次。
Sporatec（迷迭香、丁香和百里香油）	78.0毫升/（桶·亩）	0	0	?	25（b）农药。用前做植物毒性试验。
Trilogy（印楝油）	0.5%～1%溶液，15.6～62.4升/亩	—	4	?	每亩最大用量为1.25升。

1) 有效性：1. 一些研究有效；2. 效果不一致；3. 无效；？. 没有评价或没有研究结果。

PHI：采前间隔期；REI：限定的用药间隔期。

—：没有专门标注采收前间隔期。

7.4.6　炭疽病（*Colletotrichum acutatum*）

果实上有一个或多个圆形病斑，病斑初期棕褐色或浅褐色，后期变暗并凹陷，凹陷病斑直径约 3.18～6.35 毫米。在雨天或湿度很大时，病斑上有粉红色的黏性孢子团。炭疽病在青果和成熟果上均有发生，但遇温暖、有雨的天气则在成熟果上最常见。在纽约，炭疽病只是偶发，夏季炭疽病在日中性品种上的发生比六月结实的品种更常见。而在结果和收获期，如果天气温暖、有雨，六月结实的品种上也会严重发生炭疽病。

表 7.13　炭疽病防控选项

项　目	注　意　事　项
监测/阈值	尚未确立。
品种抗病性	无抗病品种。
栽培管理	通过控制杂草和降低植株密度提供良好的通风条件。 炭疽病菌通过雨滴飞溅和喷雾灌溉在整个种植季节进行传播。相对于裸土种植的草莓来说，覆盖稻草能够减少病害的传播速率（雨水飞溅少）。
化学防治	见表 7.14。

本指南完成的同时，纽约州有机生产上可用于管理这些病虫害的药剂也作了注册。在杀虫剂标签上列出了每一种害虫，但不能保证每种杀虫剂都是有效的。杀虫剂登记状态能够并且已经改变。目前杀虫剂必须在纽约州环保部注册，确保杀虫剂在纽约的使用合法化。杀虫剂达到 EPA 法规的 40CFR 章 152.25（b）［也称为 25（b）杀虫剂］要求的不需要注册。目前，纽约州杀虫剂的注册可以在农药产品、原料、生产系统网站（PIMS）上查到：http：//pims.psur.cornell.edu。在使用新产品前，要和认证员一起确认。

表 7.14　用于防治炭疽病的杀菌剂

商品名（有效成分）	产品用量	PHI（天数）	REI（小时）	有效性[1]	说　明
Milstop（碳酸氢钾）	149.5～373.6 克/亩	0	1	?	不要与其他农药或肥料混用，与碱性溶液不相容。
Actinovate-AG（利迪链霉菌 *WYEC* 108）	14.0 ～ 56.0 克/亩	0	1小时或至雾滴干	2	叶面使用：病害发生前用喷雾器喷施效果最好，必要时反复喷施。
Cueva Fungicide Concentrate（辛酸铜）	5.0～20.0 毫升/升	至采收日	4	?	产品稀释后每亩喷 31～62 升。
PERpose Plus（过氧化氢）	7.8 毫升/升（初次/治疗）	—	至雾滴干	2	两次试验中一次有效。初期或治疗连续1～3天使用较高剂量，之后每周一次或预防性使用。
	2.0～2.6 毫升/升（每周/预防）				每周或预防性处理使用较低剂量，每5～7天1次。开始有症状时使用治疗剂量，之后每周做预防性处理。
Serenade ASO（枯草芽孢杆菌 QST 713 菌株）	149.5～448.4 克/亩	0	4	?	病害发生时或发生前使用，之后每7～10天重复1次。
Serenade MAX（枯草芽孢杆菌）	74.7 ～ 224.2 克/亩	0	4	2	发病期每7～10天使用1次。
Sporatec（迷迭香、丁香和百里香油）	78.0 毫 升/（桶·亩）	0	0	?	25（b）杀菌剂，用前进行植物毒性试验。
Regalia 生物杀菌剂（大虎杖花蒽醌）	311.7～467.5 毫升/亩	0	4	?	发病初期开始使用，之后每7～14天1次。

（续）

商品名（有效成分）	产品用量	PHI（天数）	REI（小时）	有效性[1]	说明
Trilogy（印楝油）	0.5%～1%溶液，15.6 ～ 62.4 升/亩	—	4	?	每亩最大用量为1.25升。

[1] 有效性：1. 一些研究有效；2. 效果不一致；3. 无效；？. 没有评价或没有研究结果。

PHI：采前间隔期；REI：限定的用药间隔期。

—：没有专门标注采收前间隔期。

7.4.7 革腐病（*Phytophthora cactorum*）

未成熟果上的染病部位为褐色，而成熟果上的颜色变浅。所有果实的病部都发硬、革质，果实里外颜色都褪色。病果有刺激性的苦味。在结果期和淹水的土壤中，温暖和雨水多的条件下革腐病最为严重。表7.15中列出的栽培措施是最为有效的控制措施。

革腐病综合防治说明书可参见 nysipm. cornell. edu/factsheets/berries/leather _ rot. pdf。

表7.15 革腐病防控选项

项　目	注意事项
监测/阈值	尚未确立。
品种抗病性	无抗病品种。
栽培管理	在排水良好或有其他排水系统的地方种植。垄式栽培也可降低病害发生。 选择种植地点，减少土壤淹水；避免种植在凹槽里；防止或减少土壤紧实度。 在结果期，种植行间覆盖一层稻草，可以在土传病原菌与感病果实之间形成一个很好的物理屏障。
化学防治	见表7.16。

本指南完成的同时，纽约州有机生产上可用于管理这些病虫害的药剂也作了注册。在杀虫剂标签上列出了每一种害虫，但不能保证每种杀虫剂都是有效的。杀虫剂登记状态能够并且已经改变。目前杀虫剂必须在纽约州环保部注册，确保杀虫剂在纽约的使用合法化。杀虫剂达到 EPA 法规的 40CFR 章 152.25 (b) [也称为 25 (b) 杀虫剂] 要求的不需要注册。目前，纽约州杀虫剂的注册可以在农药产品、原料、生产系统网站 (PIMS) 上查到：http：//pims. psur. cornell. edu。在使用新产品前，要和认证员一起确认。

表 7.16 用于防治革腐病的杀菌剂

商品名（有效成分）	产品用量	PHI（天数）	REI（小时）	有效性[1]	说明
Actinovate-AG（利迪链霉菌 *WYEC* 108）	14.0～56.0 克/亩	0	1 小时或至雾滴干	?	土壤施药。Actinovate-AG 含有活菌的孢子，发病前使用效果最佳。
Actino-Iron（利迪链霉菌 *WYEC* 108）	747.3～1120.9 克/亩	—	4	?	施药后浇水。
PERpose Plus（过氧化氢）	7.8 毫升/升（初次/治疗）	—	至雾滴干	?	初期或治疗连续 1～3 天使用较高剂量，之后每周一次或预防性使用。
	2.0～2.6 毫升/升（每周/预防）				每周或预防性处理用较低剂量，每 5～7 天 1 次。发病初期使用治疗剂量，之后每周做预防性处理。

[1] 有效性：1. 一些研究有效；2. 效果不一致；3. 无效；?. 没有评价或没有研究结果。

PHI：采前间隔期；REI：限定的用药间隔期。

—：没有专门标注采收前间隔期。

7.4.8 红中柱根腐病（*Phytophthora fragariae*）

红中柱根腐病是由土传病原菌疫霉引起的，即使不再种植草莓，病原菌也可以在土壤中存活多年。该病害通常在草莓采收前才表现侵染症状。病株生长矮小、颜色浅，如果气候温暖、干燥，那么植株常枯萎。由于其他危害根的因子（如食根线虫）也可以引起相同的症状，所以诊断是基于对植株根系的检查。从新鲜主根发育来的具分枝的营养小根数减少，病株的根像个“老鼠尾巴”。新鲜的主根自根尖向根茎部分腐烂。早期侵染时，切开靠近腐烂部分上部的白色外层（表皮和皮层），可以看到红色的中柱。病株常小片发生，田间最低洼或最湿的地方发病最重。

红中柱根腐病综合防治说明书参见 nysipm. cornell. edu/factsheets/berries/red _ stele. pdf。

表 7.17　红中柱根腐病防控选项

项　目	注　意　事　项
监测/阈值	尚未确立。
品种抗病性	抗病品种有‘早光’、‘东北风’、‘莫好客’、‘红首领’、‘卫士’、‘全明星’、‘贡品’、‘三星’、‘铁庄稼’和‘火花’。 但这些品种并非抗红中柱根腐病病原菌（*Phytophthora fragariae*）的所有小种。因此，如果品种不抗病原菌的某个小种，病害仍然发生。
栽培管理	由于红中柱根腐病病原菌在极湿的土壤中特别活跃，草莓应该在排水良好或有排水条件的地方种植。
化学防治	红中柱根腐病病原菌不是在每个地块都存在，所以应该在以前有发病或有可能发病的地块进行防治。

本指南完成的同时，纽约州有机生产上可用于管理这些病虫害的药剂也作了注册。在杀虫剂标签上列出了每一种害虫，但不能保证每种杀虫剂都是有效的。杀虫剂登记状态能够并且已经改变。目前杀虫剂必须在纽约州环保部注册，确保杀虫剂在纽约的使用合法化。杀虫剂达到 EPA 法规的 40CFR 章 152. 25（b）［也称为 25（b）杀虫剂］要求的不需要注册。目前，纽约州杀虫剂的注册可以在农药产品、原料、生产系统网站（PIMS）上查到：http：//pims. psur. cornell. edu。在使用新产品前，要和认证员一起确认。

表 7.18　用于防治红中柱根腐病的杀菌剂

商品名（有效成分）	产品用量	PHI（天数）	REI（小时）	有效性[1]	说　明
Actino-Iron（利迪链霉菌 *WYEC* 108）	747.3～1120.9 克/亩	—	4	?	施药后浇水。
Actinovate-AG（利迪链霉菌 *WYEC* 108）	14.0 ～ 56.0 克/亩	0	1小时或至雾滴干	?	土壤沟施。因为该产品含有微生物活的孢子，发病前使用将获得最佳效果。
	7.8 毫升/升（初次/治疗）	—	至雾滴干	?	初期或治疗连续1～3天使用较高剂量，之后每周一次或预防性使用。
PERpose Plus（过氧化氢）	2.0～2.6毫升/升（每周/预防）				每周或预防性处理用较低剂量，每5～7天1次。发病初期使用治疗剂量，之后每周做预防性处理。

[1] 有效性：1. 一些研究有效；2. 效果不一致；3. 无效；?. 没有评价或没有研究结果。

PHI：采前间隔期；REI：限定的用药间隔期。

—：没有专门标注采收前间隔期。

7.4.9　黑根腐病

黑根腐病是由一种或多种病原物引起的，包括线虫、根腐真菌（腐霉和丝核菌），表现多种症状。黑根腐病在比较老的植株或紧实土壤上最常见。随着时间的增长，植株活力和生产能力下降，营养小根死亡，新的结构根腐烂并沿着根的径向一块块变黑，并非从根尖开始。黑根腐病常与草莓的生产历史长久有关，因为黑根腐病的病因不是单一的，也没有单一的防治措施。

表 7.19 黑根腐病防控选项

项 目	注 意 事 项
监测/阈值	尚未确立。
品种抗病性	没有抗病品种。 特别感病的品种是‘哈尼’和‘宝石’，这些品种应该避免在没有充分轮作的土壤上种植。
栽培管理	含有大量线虫的土壤更易发生黑根腐病。 种植前要检查线虫的数量。 减轻土壤紧实、改善通气状况、良好的排水等栽培措施都有利于减轻病害。 特别推荐在种植草莓前与其他植物轮作 2～3 年，可以把黑根腐病的危害降到最低。 红中柱根腐病的防治措施也有利于减轻该病害。 覆盖作物如芥菜和印度草，并结合堆肥的使用也可以减轻该病害的发生。
化学防治	见表 7.20。

本指南完成的同时，纽约州有机生产上可用于管理这些病虫害的药剂也作了注册。在杀虫剂标签上列出了每一种害虫，但不能保证每种杀虫剂都是有效的。杀虫剂登记状态能够并且已经改变。目前杀虫剂必须在纽约州环保部注册，确保杀虫剂在纽约的使用合法化。杀虫剂达到 EPA 法规的 40CFR 章 152.25（b）［也称为 25（b）杀虫剂］要求的不需要注册。目前，纽约州杀虫剂的注册可以在农药产品、原料、生产系统网站（PIMS）上查到：http：//pims.psur.cornell.edu。在使用新产品前，要和认证员一起确认。

表 7.20 用于防治黑根腐病的杀菌剂

商品名（有效成分）	产品用量	PHI（天数）	REI（小时）	有效性[1]	说 明
Actino-Iron（利迪链霉菌 *WYEC* 108）	747.3～1120.9 克/亩	—	4	?	没有标明用于线虫。 施药后浇水。

（续）

商品名（有效成分）	产品用量	PHI（天数）	REI（小时）	有效性[1]	说　明
Actinovate-AG（利迪链霉菌 *WYEC* 108）	14.0 ～ 56.0 克/亩	0	1小时或至雾滴干	?	没有标明用于线虫。 土壤沟施。因为该产品含有微生物活的孢子，所以发病前使用将获得最佳效果。
PERpose Plus（过氧化氢）	7.8 毫升/升（初次/治疗）	—	至雾滴干	?	没有标明用于线虫。 初期或治疗连续1～3天使用较高剂量，之后每周一次或预防性使用。
	2.0～2.6毫升/升（每周/预防）				每周或预防性处理用较低剂量，每5～7天1次。发病初期使用治疗剂量，之后每周做预防性处理。
RootShield可湿性粉剂（哈茨木霉T-22菌株）	0.22～0.37克/升（温室/苗圃沟施）	—	至雾滴干	?	没有标明用于防治线虫。
	12～60克/升（切根或裸根）	—			
	75～150克/亩（犁沟或移植机溶液）	—			

[1] 有效性：1. 一些研究有效；2. 效果不一致；3. 无效；?. 没有评价或没有研究结果。

PHI：采前间隔期；REI：限定的用药间隔期。

—：没有专门标注采收前间隔期。

7.5 值得关注的其他病害

7.5.1 叶角斑病（*Xanthomonas fragariae*）

最初在较低部位的叶表面上出现一些很小的水渍状病斑，病斑扩大形成角状病斑，但受小叶脉限制。对着光观察病斑是透明的，但在反射光下是深绿色的。在潮湿条件下，病斑会出现菌脓，干燥后形成一层白色的鳞状皮。在叶片的上表面，病斑最终成为肉眼可见的红褐色不规则病斑。白天温度20℃左右、夜间温度接近冰点、降雨、灌溉过度或重露都有利于该病害的发生。

本指南完成的同时，纽约州有机生产上可用于管理这些病虫害的药剂也作了注册。在杀虫剂标签上列出了每一种害虫，但不能保证每种杀虫剂都是有效的。杀虫剂登记状态能够并且已经改变。目前杀虫剂必须在纽约州环保部注册，确保杀虫剂在纽约的使用合法化。杀虫剂达到EPA法规的40CFR章152.25（b）［也称为25（b）杀虫剂］要求的不需要注册。目前，纽约州杀虫剂的注册可以在农药产品、原料、生产系统网站（PIMS）上查到：http：//pims.psur.cornell.edu。在使用新产品前，要和认证员一起确认。

表7.21 用于叶角斑病防治的杀菌剂

商品名（有效成分）	产品用量	PHI（天数）	REI（小时）	有效性[1]	说 明
Badge ×2（氯氧化铜，氢氧化铜）	56.0～93.4克/亩	—	48	?	
Champ 水分散粒剂（氢氧化铜）	149.5～224.2克/亩	—	24	?	有些条件下会引起植株药害。
CS 2005（无水硫酸铜）	89.7～119.6克/亩	—	48	?	
Cueva Fungicide Concentrate 辛酸铜	5.0～20.0毫升/升	至采收日	4	?	产品稀释后每亩喷31～62升。
OxiDate 过氧化氢	194.9～623.6毫升/（桶·亩）	0	至雾滴干	3	1次试验1次无效。需完全覆盖。发病前或发病时开始用药。必要时重复用药。

（续）

商品名（有效成分）	产品用量	PHI（天数）	REI（小时）	有效性[1]	说明
PERpose Plus（过氧化氢）	7.8 毫升/升（初次/治疗） 2.0～2.6 毫升/升（每周/预防）	—	至雾滴干	3	1次试验1次无效。 初次或治疗连续1～3天用较高剂量，之后每周一次或预防处理。 每周或预防处理用较低剂量，5～7天1次，之后每周做预防性处理。发病初期用治疗剂量，之后每周预防处理。

[1] 有效性：1. 一些研究有效；2. 效果不一致；3. 无效；?. 没有评价或没有研究结果。

PHI：采前间隔期；REI：限定的用药间隔期。

—：没有专门标注采收前间隔期。

7.5.2 轮枝菌枯萎病（*Verticillium albo-atrum*）

草莓植株在生长的第一年受害最重。外围叶片变褐，最终枯萎凋落，但里边的叶片在植株死亡前仍是绿的。枯萎病的这种症状有别于其他根和根茎部的病害，受害植物分布不均一，但比较典型的是在一块田里零散分布。在发病或前茬作物为番茄、马铃薯、茄子的地块，至少3年只能种植抗轮枝菌的品种。抗病品种有‘早光’、‘卫士’、‘全明星’、‘贡品’和‘三星’。许多杂草是轮枝菌的寄主，尤其是龙葵、醋栗、红根苋、灰菜和卡罗来纳茄。在当前和将来种植草莓的地块应该严格控制这些杂草，从而使轮枝菌的接种体数量保持在低水平。

本指南完成的同时，纽约州有机生产上可用于管理这些病虫害的药剂也作了注册。在杀虫剂标签上列出了每一种害虫，但不能保证每种杀虫剂都是有效的。杀虫剂登记状态能够并且已经改变。目前杀虫剂必须在纽约州环保部注册，确保杀虫剂在纽约的使用合法化。杀虫剂达到EPA法规的40CFR章152.25（b）[也称为25（b）杀虫剂]要求的不需要注册。目前，纽约州杀虫剂的注册可以在农药产品、原料、生产系统网站（PIMS）上查到：http：//pims. psur. cornell. edu。在使用新产品前，要和认证员一起确认。

表 7.22 用于防治轮枝菌枯萎病的杀菌剂

商品名（有效成分）	产品用量	PHI（天数）	REI（小时）	有效性[1]	说 明
Actino-Iron（利迪链霉菌 *WYEC* 108）	747.3～1120.9 克/亩	—	4	?	施药后浇水。
Actinovate-AG（利迪链霉菌 *WYEC* 108）	14.0 ～ 56.0 克/亩	0	1小时或至雾滴干	?	土壤沟施。因为该产品含有微生物活的孢子，发病前使用将获得最佳效果。
PERpose Plus（过氧化氢）	7.8 毫升/升（初次/治疗）	—	至雾滴干	?	初期或治疗连续1～3天用较高剂量，之后每周一次或预防性使用。
	2.0 ～ 2.6 毫升/升（每周/预防）				每周或预防性处理用较低剂量，每5～7天1次。发病初期使用治疗剂量，之后每周做预防性处理。

[1] 有效性：1. 一些研究有效；2. 效果不一致；3. 无效；？. 没有评价或没有研究结果。

PHI：采前间隔期；REI：限定的用药间隔期。

— ：没有专门标注采收前间隔期。

7.6 主要害虫及螨类

草莓生产中所关注的主要害虫和螨因不同年份、不同地点而异。因此，熟悉这些害虫的生命周期有助于开发害虫预测方案并在暴发前进行防治。了解害虫在何时防治不会造成重大的经济损失，从而避免不必要的防治，这也是很重要的一点。例如，当不需要防治时使用了 PyGanic 乳油（一种除虫菊酯）这类广谱性的有机杀虫剂，这样不仅浪费了资金，而且对利用有益生物进行生物防治具有潜在的破坏作用。这说明，制定防治决策时需重视一些潜在的生物因子（如捕食动物、寄生蜂、寄生物、微生物等）。以下是对草莓生产上最为常见害虫的描述。

7.6.1 根象甲（不同的种）

危害草莓的根象甲有不同的种，但最常见的是草莓根象甲、葡萄黑象甲和粗糙草莓根象甲。这些害虫在其幼虫阶段危害植株的根和根茎。它们的生命周期都是一年，但有的可以生活两个生长季。成虫于 6 月末出现。受害重的畦垄呈明显的点片分布，植株矮小、减产。被害植株的根被大量吃掉，严重时导致植株死亡。

根象甲的综合防治说明书参见 nysipm. cornell. edu/factsheets/berries/root _ weevils. pdf。

表 7.23 根象甲防控选项

项 目	注 意 事 项
监测/阈值	尚未确立。
品种抗病性	没有适合东北部地区的品种。 至少轮作一年，以减少根象甲的密度。设置塑料网防止根象甲从危害田移入种植草莓的新地块。详见 www. omafra. gov. on. ca/english/crops/hort/news/allontario/ao0306a2. htm
生物防治	两种昆虫寄生线虫嗜菌异小杆线虫和异小杆线虫（*Heterorhabditis marelatus*）可以防治根象甲的幼虫。春季土壤温度高于 10℃ 或夏末至初秋季节释放线虫。浇足水使线虫移动到根围。线虫来源见 www2. oardc. ohio-state. edu/nematodes/ nematode _ suppliers. htm.
化学防治	

本指南完成的同时，纽约州有机生产上可用于管理这些病虫害的药剂也作了注册。在杀虫剂标签上列出了每一种害虫，但不能保证每种杀虫剂都是有效的。杀虫剂登记状态能够并且已经改变。目前杀虫剂必须在纽约

州环保部注册，确保杀虫剂在纽约的使用合法化。杀虫剂达到 EPA 法规的 40CFR 章 152.25（b）［也称为 25（b）杀虫剂］要求的不需要注册。目前，纽约州杀虫剂的注册可以在农药产品、原料、生产系统网站（PIMS）上查到：http：//pims. psur. cornell. edu。在使用新产品前，要和认证员一起确认。

表 7.24　用于防治根象甲的杀虫剂

商品名（有效成分）	产品用量	PHI（天数）	REI（小时）	有效性[1]	说　明
Aza-Direct（印楝素）	77.9 ～ 155.9 毫升/亩	0	4	?	
AzaGuard（印楝素）	48.7～77.9 毫升/亩	0	4	?	用有机材料审查部门（OMRI）允许的喷雾用油。
Aza Max（印楝素）	282.2 毫升/亩	0	4	?	成虫夜间取食。
Azatrol 乳油（印楝素）	61.5 ～ 203.7 毫升/亩	0	4	?	
BioLink（大蒜）	77.9 ～ 311.8 毫升/亩	—	—	?	25（b）农药。
Ecozin Plus 1.2% 微乳剂（印楝素）	70.1 ～ 140.1 克/亩	0	4	?	
Garlic Barrier AG+（大蒜汁）	见说明	—	—	?	25（b）农药。一般喷雾用 1 升药兑 99 升水混匀。如已有危害用 1 升药兑 50 升水。1∶99 的混合药液每亩喷 6.24 升，1∶50 的药液每亩喷 3.12 升。
PyGanic 乳油 5.0（除虫菊酯）	21.9～87.7 毫升/亩	0	12	?	

（续）

商品名（有效成分）	产品用量	PHI（天数）	REI（小时）	有效性[1]	说 明
Safer Brand ＃567 除虫菊酯和杀虫浓缩皂液Ⅱ（除虫菊酯和脂肪酸钾盐）	1 ∶ 20 稀释，3.79 升/65 米^2	至雾滴干	12	？	

[1] 有效性：1. 一些研究有效；2. 效果不一致；3. 无效；？. 没有评价或没有研究结果。

PHI：采前间隔期；REI：限定的用药间隔期。

—：没有专门标注采收前间隔期。

7.6.2 草莓露尾甲（*Stelidota geminata*）和野餐甲虫（*Glischrochilus fasciatus*）

露尾甲成虫在成熟和过熟的草莓果上咬洞，此外还能传播腐生物的孢子。幼虫也取食成熟果和过熟果，是采摘草莓果时的污染来源。几年前露尾甲在草莓上并不常见，目前，在纽约州偶尔会在草莓即将成熟的后期大量发生。取食草莓果的有两个种甲虫：一种是普通野餐甲虫，体长 6.35 毫米，背部有 4 个黄点；另一种是草莓露尾甲，比较小，褐色，没有明显的标记。草莓露尾甲的活动危害不只限于过于成熟的果实，它是一种危害比较严重的害虫。甲虫在林地的周边和其他多年生果树如荆棘、蓝莓树下越冬，但不在草莓田越冬。随着草莓不断地成熟，甲虫移入草莓田开始取食和产卵。接触地面或稻草的果实容易受害。

露尾甲的防治说明书参见 nysipm. cornell. edu/factsheets/berries/ssb. pdf。

表 7.25　露尾甲防控选项

项　目	注　意　事　项
监测/阈值	尚未确立。
品种抗病性	没有抗性品种，但是使果实不接触地面可以减少成虫取食和幼虫的污染。
栽培管理	田间不留成熟和过熟的果实。
化学防治	不清楚。

本指南完成的同时，纽约州有机生产上可用于管理这些病虫害的药剂也作了注册。在杀虫剂标签上列出了每一种害虫，但不能保证每种杀虫剂都是有效的。杀虫剂登记状态能够并且已经改变。目前杀虫剂必须在纽约州环保部注册，确保杀虫剂在纽约的使用合法化。杀虫剂达到 EPA 法规的 40CFR 章 152. 25（b）［也称为 25（b）杀虫剂］要求的不需要注册。目前，纽约州杀虫剂的注册可以在农药产品、原料、生产系统网站（PIMS）上查到：http：//pims. psur. cornell. edu。在使用新产品前，要和认证员一起确认。

表 7.26　用于防治露尾甲的杀虫剂

商品名（有效成分）	产品用量	PHI（天数）	REI（小时）	有效性[1]	说　明
Aza-Direct（印楝素）	77.9 ～ 155.9 毫升/亩	0	4	3	在 5 次试验中含印楝素的产品对该甲虫均无效。
AzaGuard（印楝素）	39.0～77.9 毫升/亩	0	4	3	在 5 次试验中含印楝素的产品对该甲虫均无效。用有机材料审查部门（OMRI）允许的喷雾用油。
Aza Max（印楝素）	282.2 毫升/亩	0	4	3	在 5 次试验中含印楝素的产品对该甲虫均无效。
Azatrol 乳油（印楝素）	61.5 ～ 203.7 毫升/亩	0	4	3	在 5 次试验中含印楝素的产品对该甲虫均无效。

（续）

商品名（有效成分）	产品用量	PHI（天数）	REI（小时）	有效性[1]	说　明
BioLink（大蒜）	77.9 ～ 311.8 毫升/亩	—	—	?	25（b）农药。
Ecozin Plus 1.2% 微乳剂（印楝素）	70.1 ～ 140.1 克/亩	0	4	3	在5次试验中含印楝素的产品对该甲虫均无效。
Garlic Barrier AG+（大蒜汁）	见说明	—	—	?	25（b）农药。一般喷雾用1升药兑99升水混匀。如已有危害用1升药兑50升水。1∶99的混合药液每亩喷6.24升，1∶50的药液每亩喷3.12升。
Molt-X（印楝素）	37.4克/亩	0	4	3	在5次试验中含印楝素的产品对该甲虫均无效。
PyGanic乳油5.0（除虫菊酯）	21.9～87.7毫升/亩	0	12	?	

[1] 有效性：1. 一些研究有效；2. 效果不一致；3. 无效；？. 没有评价或没有研究结果。

PHI：采前间隔期；REI：限定的用药间隔期。

—：没有专门标注采收前间隔期。

7.6.3　牧草盲蝽（*Lygus lineolaris*）

牧草盲蝽造成“猫脸”或“纽扣”果。这种害虫在发育的果上取食进行危害。靠近受害种子的果实组织停止发育。关于品种对牧草盲蝽敏感性的了解较少，但是早熟品种不易受害，晚熟品种受害较重。高产品种比不高产的品种更耐取食的危害。牧草盲蝽在许多农作物和非农作物开花结果期食害。因此，杂草丛生的地块促成了高密度的种群。

牧草盲蝽的综合防治说明书参见 nysipm. cornell. edu/factsheets/berries/tpb.pdf。

表 7.27 牧草盲蝽防控选项

项 目	注 意 事 项
监测/阈值	开花至采收前的任何时候，用一个扁的浅颜色盘子接着，振动植株检查牧草盲蝽幼虫。建议的防治阈值：每个花序平均有 0.5 个幼虫或 15 个花序中的 4 个花序有 1 个或以上的幼虫。
品种抗病性	‘哈尼’和其他高产品种对取食危害不太敏感。 早花品种也不太敏感。日中性品种在生长季后期尤其敏感。
栽培管理	畦垄覆盖促进植株发育，有助于避免伤害。杂草丛生的地块或周围是树木或灌木的地块虫口压力最大。
化学防治	见表 7.28。

本指南完成的同时，纽约州有机生产上可用于管理这些病虫害的药剂也作了注册。在杀虫剂标签上列出了每一种害虫，但不能保证每种杀虫剂都是有效的。杀虫剂登记状态能够并且已经改变。目前杀虫剂必须在纽约州环保部注册，确保杀虫剂在纽约的使用合法化。杀虫剂达到 EPA 法规的 40CFR 章 152.25（b）[也称为 25（b）杀虫剂] 要求的不需要注册。目前，纽约州杀虫剂的注册可以在农药产品、原料、生产系统网站（PIMS）上查到：http：//pims.psur.cornell.edu。在使用新产品前，要和认证员一起确认。

表 7.28 用于防治牧草盲蝽的杀虫剂

商品名 （有效成分）	产品用量	PHI （天数）	REI （小时）	有效性[1]	说 明
Aza-Direct （印楝素）	77.9 ～ 155.9 毫升/亩	0	4	2	印楝素产品在两次试验中 1 次有效。
AzaGuard （印楝素）	48.7～77.9 毫升/亩	0	4	2	印楝素产品在两次试验中 1 次有效。用有机材料审查部门（OMRI）允许的喷雾用油。

（续）

商品名（有效成分）	产品用量	PHI（天数）	REI（小时）	有效性[1]	说明
Aza Max（印楝素）	282.2毫升/亩	0	4	2	印楝素产品在两次试验中1次有效。
Azatrol乳油（印楝素）	50.9 ～ 203.7毫升/亩	0	4	2	印楝素产品在两次试验中1次有效。
Ecozin Plus 1.2%微乳剂（印楝素）	70.1 ～ 140.1克/亩	0	4	2	印楝素产品在两次试验中1次有效。
Garlic Barrier AG+（大蒜汁）	见说明	—	—	?	25（b）农药。一般喷雾用1升药兑99升水混匀。如已有危害用1升药兑50升水。1∶99的混合药液每亩喷6.24升，1∶50的药液每亩喷3.12升。
Molt-X（印楝素）	46.7克/亩	0	4	2	印楝素产品在两次试验中1次有效
Mycotrol O（球孢白僵菌n GHA菌株）	39.0 ～ 155.8毫升/亩	至采收日	4	2	
PyGanic 1.4乳油$_{II}$（除虫菊酯）	77.9 ～ 311.8毫升/亩	0	12	?	残效活性短，需多次使用。注意：种植期有蜜蜂活动时不用药。
PyGanic 5.0乳油$_{II}$（除虫菊酯）	21.9～87.7毫升/亩	0	12	?	残效活性短，需多次使用。注意：种植期有蜜蜂活动时不用药。

[1] 有效性：1. 一些研究有效；2. 效果不一致；3. 无效；?. 没有评价或没有研究结果。

PHI：采前间隔期；REI：限定的用药间隔期。

—：没有专门标注采收前间隔期。

7.6.4　二斑叶螨（*Tetranychus urticae*）

早春二斑叶螨开始在新叶背面取食，有时在叶正面造成小黄点。然而，这些症状并非在所有情况下都出现，早春之后就看不到这些症状。受害后的明显特征是比较靠下的叶表面有褐色干枯的部分。之后，下部整个叶片干枯并变褐，呈青铜色。严重受害的植株，看起来发干、矮小，几乎没有新的生长，叶片发黄、变形。田间干燥的地方先受害，发生最为普遍。纽约州（哈德逊山谷和长岛）的温和生长区域面临二斑叶螨大量发生的危险。

表 7.29　二斑叶螨防控选项

项　目	注　意　事　项
监测/阈值	每个叶片有 5 头螨或 60 个成熟叶片（完全展开叶）中的 15 个叶片有 1 头或以上的螨。常规的叶片监测对于评价种群生长是必要的。
品种抗病性	没有抗虫品种。
栽培管理	确保不过量施用氮肥。 提供充足的灌溉，冷凉潮湿的条件对螨不利。 不要使用其他杀伤捕食螨的杀虫剂。 摘除叶片进行更新。
化学防治	由于二斑叶螨的移动性强，躲藏在叶背面，而叶背难于接触到杀螨剂，所以化学防治常常不能完全奏效。药剂覆盖均匀，尤其是叶背面，对于充分保护植株是很关键的。要用足够的水（124～186 升/亩）以使杀螨剂达到最大效果。如果标签没有说明，必要时每隔 7～10 天喷一次。 喷皂液可以起到一定的防治效果，但药剂必须覆盖均匀，尤其是在比较靠下的叶表面上。

本指南完成的同时，纽约州有机生产上可用于管理这些病虫害的药剂也作了注册。在杀虫剂标签上列出了每一种害虫，但不能保证每种杀虫剂都是有效的。杀虫剂登记状态能够并且已经改变。目前杀虫剂必须在纽约州环保部注册，确保杀虫剂在纽约的使用合法化。杀虫剂达到 EPA 法规的 40CFR 章 152.25（b）［也称为 25（b）杀虫剂］要求的不需要注册。目前，

纽约州杀虫剂的注册可以在农药产品、原料、生产系统网站（PIMS）上查到：http：//pims. psur. cornell. edu。在使用新产品前，要和认证员一起确认。

表 7.30　用于防治二点叶螨的杀虫剂

商品名（有效成分）	产品用量	PHI（天数）	REI（小时）	有效性[1]	说明
植物制剂					
Aza-Direct（印楝素）	77.9 ～ 155.9 毫升/亩	0	4	1	印楝素产品在两次试验中一次有效。
Aza Guard（印楝素）	39.0～77.9 毫升/亩	0	4	1	印楝素产品在两次试验中一次有效。用有机材料审查部门（OMRI）允许的喷雾用油。
Aza Max（印楝素）	282.2 毫升/亩	0	4	1	印楝素产品在两次试验中两次有效。
Azatrol 乳油（印楝素）	50.9 ～ 203.7 毫升/亩	0	4	1	印楝素产品在两次试验中两次有效。
Py Ganic 5.0 乳油 II（除虫菊酯）	21.9～87.7 毫升/亩	0	12	?	残效活性短，需要多次重复施用。注意：在种植期间有蜜蜂活动时不能用。
油类					
BioLink（大蒜）	77.9 ～ 311.8 毫升/亩	—	—	?	25（b）农药。
Garlic Barrier AG+（大蒜汁）	见说明	—	—	?	25（b）农药。将 1 升药剂和 99 升水混匀喷施。如果虫害已发生，将 1 升药剂加水配成 50 升混合物。对于 1∶99 配比的混合物，每亩喷施 6.24 升。对于 1∶50 配比的混合物，每亩喷施 3.12 升。
GC-Mite（棉花籽、玉米和大蒜油）	0.62 升/(桶·亩)	—	—	?	25（b）农药。施用前需进行相容性试验。

（续）

商品名 （有效成分）	产品用量	PHI （天数）	REI （小时）	有效性[1]	说　明
Glacial Spray Fluid （矿物油）	0.47 升/（桶·亩）	至采收日	4	?	具体用量和施用设备见标签说明。
Omni Supreme Spray （矿物油）	1%～2%溶液（体积比）	—	12	?	具体预防措施见标签说明。使用气助式低容量地面喷施设备时，每亩喷施 37.5 升配好的混合物；使用标准地面喷雾器时，则每亩喷 124 升水。
Organic JMS Stylet Oil （石蜡油）	0.56 升/（桶·亩）	0	4	1	叶面喷施要覆盖均匀。用高压、小滴且足够量的药剂喷施以确保覆盖良好。如果与硫制剂的施用太接近可引起植物毒性。
Organocide （芝麻油）	0.62 ～ 1.24 升/（桶·亩）	—	—	?	25（b）农药。
PureSpray Green （石油）	0.47 升/（桶·亩）	至采收日	4	?	
SuffOil - X （石油）	0.62 ～ 1.24 升/（桶·亩）	至采收日	4	?	不可与硫制剂同用。
Trilogy （印楝油）	0.5%～1%溶液，15.6 ～ 62.4 升/亩	—	4	?	标签最大用量为每次 1.25 升/亩。
硫制剂					
Kumulus 干悬浮剂 （硫磺）	373.6～747.3 克/亩	—	24	?	
Micro Sulf （硫磺）	373.6～747.3 克/亩	—	24	?	有些品种对硫敏感。

（续）

商品名（有效成分）	产品用量	PHI（天数）	REI（小时）	有效性[1]	说　明
Microthiol Disper-ss（硫磺）	373.6～747.3克/亩	—	24	?	建议两周内不要使用油类药剂；或喷药后的3天内如果温度超过32.2℃也不要使用。
其他					
M-Pede（脂肪酸钾盐）	1%～2%溶液（体积比）	0	12	1	皂类产品在两次试验中两次有效。药剂通过接触起作用。均匀喷施很重要。
Sil-Matrix（硅酸钾）	0.5% ～ 1%溶液	0	4	?	每亩喷施31～155升配好的混合液。
SucraShield（辛酸蔗糖酯）	0.8%～1%体积比溶液	0	48	?	根据作物种类、生长期和株距不同，每亩喷施15.5～248升的溶液。

[1] 有效性：1. 一些研究有效；2. 效果不一致；3. 无效；？. 没有评价或没有研究结果。

PHI：采前间隔期；REI：限定的用药间隔期。

—：没有专门标注采收前间隔期。

7.6.5　斑翅果蝇（*Drosophila suzukii*）

斑翅果蝇将在整个东北部定殖下来，该虫于2011年首次在纽约州发现。当这种害虫的种群趋于增加的时候，尤其对仲夏和晚熟果实有很大的影响。6月结实的草莓有可能会避开危害，但日中性品种在夏末会受害。

斑翅果蝇很像平日见到的作为遗传学研究材料的黑腹果蝇（*Drosophila melanogaster*），但黑腹果蝇一般不会对果农造成严重的经济威胁。黑腹雌果蝇在受损果或过熟果上产卵，所以说多数情况下只是令人厌恶。而斑翅雌果蝇有强健的产卵器（果蝇尾端用于产卵的部分），把卵产在成熟、可上市的果实上，使果实带蛆造成危害。斑翅果蝇在东北部有越冬能力。在日本与之温度相近的地方也发现了这种果蝇。但是，在生长季初期，这种果蝇的种群数量很低，说明越冬对这种果蝇的致死率是很高的。

斑翅果蝇与其他果蝇相似，成虫体长 2～3 毫米，眼睛是红的，身体褐色，腹部有深色条带。雄果蝇翅尖前缘有明显的斑点，前足有 2 个深色斑点。雌果蝇的翅和足都没有斑点，但与雄虫明显不同的是有一个边缘呈锯齿状的产卵器（在放大镜下可见）。幼虫白色，是没有足的蛆。

斑翅果蝇的预测很重要，有时用苹果汁可以大量诱捕到这种果蝇的成虫。诱捕时应该经常检查，及时添加新鲜的苹果汁，详见防治说明。目前正在研究和提高诱捕效率，开发更好的早期预报系统，也应该监测果实被幼虫取食的情况。

表 7.31　斑翅果蝇防控选项

项　目	注　意　事　项
监测/阈值	尚未建立专门的防控措施，但消费者对受害果忍耐的能力大为降低。
品种抗病性	没有抗性品种。
栽培管理	良好的卫生很重要，尽量避免成熟和过熟的果实。
化学防治	最近有几种防治斑翅果蝇的杀虫剂已经获得了 2ee 免检标签。斑翅果蝇成虫对几种农药敏感，但其繁殖率高、世代周期短以及移动性强，需要用多种措施来防治。

本指南完成的同时，纽约州有机生产上可用于管理这些病虫害的药剂也作了注册。在杀虫剂标签上列出了每一种害虫，但不能保证每种杀虫剂都是有效的。杀虫剂登记状态能够并且已经改变。目前杀虫剂必须在纽约州环保部注册，确保杀虫剂在纽约的使用合法化。杀虫剂达到 EPA 法规的 40CFR 章 152. 25（b）[也称为 25（b）杀虫剂] 要求的不需要注册。目前，纽约州杀虫剂的注册可以在农药产品、原料、生产系统网站（PIMS）上查到：http：//pims. psur. cornell. edu。在使用新产品前，要和认证员一起确认。

表 7.32 用于防治斑翅果蝇的杀虫剂

商品名（有效成分）	产品用量	PHI（天数）	REI（小时）	有效性[1]	说明
PyGanic 1.4 乳油 Ⅱ（除虫菊酯）	77.9 ～ 311.8 毫升/亩	0	12	?	残效期短，需多项措施。注意：种植园有蜜蜂活动时不能使用。
PyGanic 5.0 乳油 Ⅱ（除虫菊酯）	21.9～87.7 毫升/亩	0	12	?	残效期短，需多项措施。注意：种植园有蜜蜂活动时不能使用。

[1] 有效性：1. 一些研究有效；2. 效果不一致；3. 无效；？. 没有评价或没有研究结果。

PHI：采前间隔期；REI：限定的用药间隔期。

—：没有专门标注采收前间隔期。

7.7 次要或零星发生的害虫和螨类

在纽约，草莓生产园内的许多害虫会导致经济损失，由于每年的危害程度较轻，因此被认为是次要的或零星发生的害虫。为此，熟悉这类害虫的生命周期很重要，制定一个预测计划以确保能够及时发现问题并在暴发前进行防治。其次，了解一种潜在的害虫在何时防治不会导致严重的经济损失也很重要，从而避免不必要的防治。

7.7.1 草莓花象（*Anthonomus signatus*）

成虫在夏季取食时穿刺花芽，将卵产在接近成熟的花芽内，然后环切花芽，使其被一根细丝悬挂或落到地面。在草莓地的田边、靠近林地或其他适宜成虫冬眠的地方种植的草莓危害最重。在草莓花象压力预期大的地方，经常检查花芽被刺情况是重要的。过去一直建议的是将每 30.48 厘米的距离中有一个切下的花芽作为防治阈值。然而，近几年的研究表明，如果第三序花受害，植株可以维持这种压力，而产量不会明显减少。新的阈值是每个花序上有一个以上的一级或二级序花或者两个以上的三级序花受害，或者是30.48厘米中有一个以上受害的花序。覆盖和长满叶幕的垄面可能刺激草莓园出现新的成虫，导致以后几年危害加重。在少于3年的种植体系中，采完最后一次果后随即翻耕所有的旧垄面以及清除落叶和覆盖物以减少草莓花象的越冬场所，这些都会减少花象的危害。

草莓花象的综合防治说明书参见 nysipm. cornell. edu/fact-sheets/berries/strawberry _ clipper. pdf。

表 7.33 用于防治草莓花象的杀虫剂

商品名（有效成分）	产品用量	PHI（天数）	REI（小时）	有效性[1]	说明
Aza-Direct（印楝素）	77.9 ～ 155.9毫升/亩	0	4	?	
AzaGuard（印楝素）	48.7～77.9毫升/亩	0	4	?	用有机材料审查部门（OMRI）允许的喷雾用油。
Aza Max（印楝素）	282.2毫升/亩	0	4	?	
Azatrol 乳油（印楝素）	61.5 ～ 203.7毫升/亩	0	4	?	
BioLink（大蒜）	77.9 ～ 311.8毫升/亩	—	—	?	25（b）农药。
Ecozin Plus 1.2%微乳剂（印楝素）	70.1 ～ 140.1克/亩	0	4	?	
Garlic Barrier AG+（大蒜汁）	见说明	—	—	?	25（b）农药。一般喷雾用1升药兑99升水混匀。如已有危害用1升药兑50升水。1∶99的混合药液每亩喷6.24升，1∶50的药液每亩喷3.12升。

（续）

商品名（有效成分）	产品用量	PHI（天数）	REI（小时）	有效性[1]	说明
Molt-X（印楝素）	46.7 克/亩	0	4	?	
PyGanic 5.0 乳油Ⅱ（除虫菊酯）	21.9～87.7 毫升/亩	0	12	?	残效期短，需多项措施。注意：种植园有蜜蜂活动时不能使用。

[1] 有效性：1. 一些研究有效；2. 效果不一致；3. 无效；？. 没有评价或没有研究结果。

PHI：采前间隔期；REI：限定的用药间隔期。

—：没有专门标注采收前间隔期。

7.7.2 沫蝉（*Philaenus spumarius*）

开花时节，在茎和叶片上有白色的泡沫状的东西，将沫蝉的若虫包藏在里面，沫蝉穿刺茎，吸食植株的汁液。如果沫蝉大量发生，其取食会造成植株生长矮小，果变小，受害叶片比正常叶片显得皱缩，颜色深绿。对采摘者来说大量的沫蝉是很令人厌恶的。防治阈值为每 929 厘米^2 中有一团沫蝉。对杂草的良好控制有利于减少沫蝉的数量。通常在长满杂草的地块，沫蝉的种群数量最大。沫蝉每年只有一代。去除沫蝉后叶子还能恢复。

沫蝉的综合防治说明书参见 nysipm. cornell. edu/factsheets/berries/meadow _ spittlebug. pdf。

本指南完成的同时，纽约州有机生产上可用于管理这些病虫害的药剂也作了注册。在杀虫剂标签上列出了每一种害虫，但不能保证每种杀虫剂都是有效的。杀虫剂登记状态能够并且已经改变。目前杀虫剂必须在纽约州环保部注册，确保杀虫剂在纽约的使用合法化。杀虫剂达到 EPA 法规的 40CFR 章 152. 25（b）［也称为 25（b）杀虫剂］要求的不需要注册。目前，纽约州杀虫剂的注册可以在农药产品、原料、生产系统网站（PIMS）上查到：http：//pims. psur. cornell. edu。在使用新产品前，要和认证员一起确认。

表 7.34　用于防治沫蝉的杀虫剂

商品名（有效成分）	产品用量	PHI（天数）	REI（小时）	有效性[1]	说　明
Aza-Direct（印楝素）	77.9 ～ 155.9 毫升/亩	0	4	?	
AzaGuard（印楝素）	48.7～77.9 毫升/亩	0	4	?	用有机材料审查部门（OMRI）允许的喷雾用油。
Aza Max（印楝素）	282.2 毫升/亩	0	4	?	
Azatrol 乳油（印楝素）	50.9 ～ 203.7 毫升/亩	0	4	?	
Ecozin Plus 1.2%微乳剂（印楝素）	70.1 ～ 140.1 克/亩	0	4	?	
Garlic Barrier AG+（大蒜汁）	见说明	—	—	?	25（b）农药。一般喷雾用 1 升药兑 99 升水混匀。如已有危害用 1 升药兑 50 升水。1∶99 的混合药液每亩喷 6.24 升，1∶50 的药液每亩喷 3.12 升。
Molt-X（印楝素）	46.7 克/亩	0	4	?	
Neemazad 1%乳油（印楝素）	87.7 ～ 350.7 毫升/亩	—	4	?	
Neemix 4.5（印楝素）	32.7 ～ 74.7 克/亩	—	12	?	

[1] 有效性：1. 一些研究有效；2. 效果不一致；3. 无效；? . 没有评价或没有研究结果。

PHI：采前间隔期；REI：限定的用药间隔期。

— ：没有专门标注采收前间隔期。

7.7.3 草莓食根虫（*Paria fragaria-complex*）

春末至夏初，幼虫在根上取食危害，成虫在5月和6月末夜间取食叶片。

表7.35 用于防治草莓食根虫的杀虫剂

商品名（有效成分）	产品用量	PHI（天数）	REI（小时）	有效性[1]	说明
Aza-Direct（印楝素）	77.9～155.9毫升/亩	0	4	?	用有机材料审查部门（OMRI）允许的喷雾用油。
AzaGuard（印楝素）	39.0～77.9毫升/亩	0	4	?	
Aza Max（印楝素）	282.2毫升/亩	0	4	?	
Azatrol乳油（印楝素）	61.5～203.7毫升/亩	0	4	?	
Garlic Barrier AG+（大蒜汁）	见说明	—	—	?	25（b）农药。一般喷雾用1升药兑99升水混匀。如已有危害用1升药兑50升水。1∶99的混合药液每亩喷6.24升，1∶50的药液每亩喷3.12升。
PyGanic 1.4乳油II（除虫菊酯）	77.9～311.8毫升/亩	0	12	?	残效期短，需多项措施。注意：种植园有蜜蜂活动时不能使用。
PyGanic 5.0乳油II（除虫菊酯）	21.9～87.7毫升/亩	0	12	?	残效期短，需多项措施。注意：种植园有蜜蜂活动时不能使用。

[1] 有效性：1. 一些研究有效；2. 效果不一致；3. 无效；？. 没有评价或没有研究结果。

PHI：采前间隔期；REI：限定的用药间隔期。

—：没有专门标注采收前间隔期。

7.7.4 温室白粉虱（*Trialeurodes vaporariorum*）

温室白粉虱是一种小白虫，与苍蝇类似，但实际上与蚜虫更近似。白粉虱在幼龄植株上取食，引起植株矮化。

本指南完成的同时，纽约州有机生产上可用于管理这些病虫害的药剂也作了注册。在杀虫剂标签上列出了每一种害虫，但不能保证每种杀虫剂都是有效的。杀虫剂登记状态能够并且已经改变。目前杀虫剂必须在纽约州环保部注册，确保杀虫剂在纽约的使用合法化。杀虫剂达到 EPA 法规的 40CFR 章 152.25（b）［也称为 25（b）杀虫剂］要求的不需要注册。目前，纽约州杀虫剂的注册可以在农药产品、原料、生产系统网站（PIMS）上查到：http：//pims.psur.cornell.edu。在使用新产品前，要和认证员一起确认。

表 7.36 用于防治温室白粉虱的杀虫剂

商品名（有效成分）	产品用量	PHI（天数）	REI（小时）	有效性[1]	说明
生物制剂					
Mycotrol O（球孢白僵菌 GHA 菌株）	39.0 ～ 155.9 毫升/亩	至采收日	4	?	
植物制剂					
Aza-Direct（印楝素）	77.9 ～ 155.9 毫升/亩	0	4	?	
AzaGuard（印楝素）	37.4 ～ 98.1 克/亩	0	4	?	用有机材料审查部门（OMRI）允许的喷雾用油。
Aza Max（印楝素）	282.2 毫升/亩	0	4	?	
Azatrol 乳油（印楝素）	50.9 ～ 203.7 毫升/亩	0	4	?	
Ecozin Plus 1.2% 微乳剂（印楝素）	70.1 ～ 140.1 克/亩	0	4	?	

（续）

商品名（有效成分）	产品用量	PHI（天数）	REI（小时）	有效性[1]	说明
M-Pede（脂肪酸钾盐）	1%～2%体积比溶液	0	12	?	接触有效。施药均匀很重要。与其他杀虫剂一起使用可提高药效和残效。
Molt-X（印楝素）	37.4克/亩	0	4	?	
Neemazad 1%乳油（印楝素）	87.7～350.7毫升/亩	—	4	?	
Neemix 4.5（印楝素）	16.3～37.4克/亩	—	12	?	
PyGanic 1.4乳油$_{II}$（除虫菊酯）	77.9～311.8毫升/亩	0	12	?	害虫第一次出现时开始用药，必要时反复使用。注意：种植园有蜜蜂活动时不能使用。
PyGanic 5.0乳油$_{II}$（除虫菊酯）	21.9～87.7毫升/亩	0	12	?	害虫第一次出现时开始用药，必要时反复使用。注意：种植园有蜜蜂活动时不能使用。
油类					
BioLink（大蒜）	77.9～311.8毫升/亩	—	—	?	25（b）农药。
BioRepel（大蒜油）	1份BioRepel兑水100份/亩	—	—	?	25（b）农药。
Cedar Gard（香柏油）	155.8毫升/亩	—	—	?	25（b）农药。
Garlic Barrier AG+（大蒜汁）	见说明	—	—	?	25（b）农药。一般喷雾用1升药兑99升水混匀。如已有危害用1升药兑50升水。1∶99的混合药液每亩喷6.24升，1∶50的药液每亩喷3.12升。

（续）

商品名（有效成分）	产品用量	PHI（天数）	REI（小时）	有效性[1]	说明
Organocide（芝麻油）	0.62 ～ 1.24 升/（桶·亩）	—	—	?	25（b）农药。
SuffOil-X（石油）	0.62～1.24 升/（桶·亩）	至采收日	4	?	如果与硫制剂使用时间太近会引起植物毒害。
Trilogy（印楝油）	0.5%～1%溶液，15.6～62.4 升/亩	—	4	?	每次每亩最多用 1.25 升。只有抑制作用。
其他					
Sil-Matrix（硅酸钾）	0.5% ～ 1%溶液	0	4	?	每亩喷 31～155 升。
SucraShield（辛酸蔗糖酯）	0.8%～1%体积比溶液	0	48	?	依据作物类型、长势和株距，每亩用量为 15.5 ～ 248 升。

[1] 有效性：1. 一些研究有效；2. 效果不一致；3. 无效；？. 没有评价或没有研究结果。

PHI：采前间隔期；REI：限定的用药间隔期。

—：没有专门标注采收前间隔期。

7.7.5 仙客来螨（*Stenotarsonemus pallidus*）

该螨体型极小（0.254 毫米），成熟时橙粉色，光亮。卵透明，在卷曲的新出叶上沿中脉聚集成团，呈白色。该螨在幼叶上取食，叶片长出后小而皱缩，发育不良。后来取食花，导致果实畸形。由于螨的持续时间长，在草莓生产上是一件很令人头疼的事情。在开花高峰期和果实发育期，螨的数量增加。避免种植带虫的种苗，'卡博特'品种特别感虫。

本指南完成的同时，纽约州有机生产上可用于管理这些病虫害的药剂也作了注册。在杀虫剂标签上列出了每一种害虫，但不能保证每种杀虫剂都是有效的。杀虫剂登记状态能够并且已经改变。目前杀虫剂必须在纽约州环保部注册，确保杀虫剂在纽约的使用合法化。杀虫剂达到 EPA 法规的

40CFR 章 152.25 (b) [也称为 25 (b) 杀虫剂] 要求的不需要注册。目前，纽约州杀虫剂的注册可以在农药产品、原料、生产系统网站 (PIMS) 上查到：http://pims.psur.cornell.edu。在使用新产品前，要和认证员一起确认。

表 7.37　用于防治仙客来螨的杀虫剂

商品名（有效成分）	产品用量	PHI（天数）	REI（小时）	有效性[1]	说　明
植物制剂					
Aza-Direct（印楝素）	77.9 ～ 155.9 毫升/亩	0	4	?	用有机材料审查部门（OMRI）允许的喷雾用油。
AzaGuard（印楝素）	48.7～77.9 毫升/亩	0	4	?	
Aza Max（印楝素）	282.2 毫升/亩	0	4	?	
Azatrol 乳油（印楝素）	50.9 ～ 203.7 毫升/亩	0	4	?	
PyGanic 5.0 乳油$_{II}$（除虫菊酯）	21.9～87.7 毫升/亩	0	12	?	害虫第一次出现时开始用药，必要时反复使用。注意：种植园有蜜蜂活动时不能使用。
油类					
BioLink（大蒜）	77.9 ～ 311.8 毫升/亩	—	—	?	25 (b) 农药。
Garlic Barrier AG+（大蒜汁）	见说明	—	—	?	25 (b) 农药。一般喷雾用 1 升药兑 99 升水混匀。如已有危害用 1 升药兑 50 升水。1∶99 的混合药液每亩喷 6.24 升，1∶50 的药液每亩喷 3.12 升。
GC-Mite（棉籽、玉米和大蒜油）	0.62 升/(桶・亩)	—	—	?	25 (b) 农药。施用前需进行相容性试验。

（续）

商品名（有效成分）	产品用量	PHI（天数）	REI（小时）	有效性[1]	说明
Organic JMS Stylet Oil（石蜡油）	0.56升/（桶·亩）	0	4	1	叶面喷施要覆盖均匀。用高压、小滴且足够量的药剂喷施以确保覆盖良好。如果与硫制剂的施用时间太近可引起植物毒性。
Organocide（芝麻油）	0.62～1.24升/（桶·亩）	—	—	?	25（b）农药。
PureSpray Green（石油）	0.47升/（桶·亩）	至采收日	4	?	
SuffOil-X（石油）	0.62～1.24升/（桶·亩）	至采收日	4	?	如果与硫制剂施用时间太近可引起植物毒性。
Trilogy（印楝油）	0.5%～1%溶液，15.6～62.4升/亩	—	4	?	标签最大用量为每次1.25升/亩。
其他					
M-Pede 脂肪酸钾盐	1%～2%体积比溶液	0	12	1	皂类产品在两次试验中两次有效。药剂通过接触起作用。均匀喷施很重要。
Sil-Matrix（硅酸钾）	0.5%～1%溶液	0	4	?	每亩喷31～155升。
SucraShield（辛酸蔗糖酯）	0.8%～1%体积比溶液	0	48	?	依据作物类型、长势和株距，每亩用量为15.5～248升。

[1] 有效性：1. 一些研究有效；2. 效果不一致；3. 无效；？. 没有评价或没有研究结果。

PHI：采前间隔期；REI：限定的用药间隔期。

—：没有专门标注采收前间隔期。

7.7.6 卷叶蛾（不同的种）

有些种卷叶蛾幼虫以吐丝的方式将草莓叶片卷起。整个生长季都能见到对叶部的危害，但该类害虫需要达到很大的数量才能对草莓有明显的危害。

本指南完成的同时，纽约州有机生产上可用于管理这些病虫害的药剂也作了注册。在杀虫剂标签上列出了每一种害虫，但不能保证每种杀虫剂都是有效的。杀虫剂登记状态能够并且已经改变。目前杀虫剂必须在纽约州环保部注册，确保杀虫剂在纽约的使用合法化。杀虫剂达到 EPA 法规的 40CFR 章 152.25（b）［也称为 25（b）杀虫剂］要求的不需要注册。目前，纽约州杀虫剂的注册可以在农药产品、原料、生产系统网站（PIMS）上查到：http：//pims. psur. cornell. edu。在使用新产品前，要和认证员一起确认。

表 7.38 用于防治卷叶蛾的杀虫剂

商品名（有效成分）	产品用量	PHI（天数）	REI（小时）	有效性[1]	说明
生物制剂					
Deliver（苏云金杆菌库斯塔克亚种）	18.7 ～ 112.1 克/亩	0	4	?	
Dipel DF（苏云金杆菌库斯塔克亚种）	37.4 ～ 74.7 克/亩	0	4	1	可参阅特定卷叶蛾种产品标签用于防治。
Ecozin Plus 1.2% ME（印楝素）	70.1 ～ 140.1 克/亩	0	4	?	
Entrust Naturalyte Insect Control（多杀菌素）	5.8 ～ 9.3 克/亩	1	4	1	有虫害发生时使用，针对孵化期的卵或低龄幼虫。
Javelin WG（苏云金杆菌库斯塔克亚种）	37.4 ～ 74.7 克/亩	0	4	1	可参阅特定卷叶蛾种产品标签用于防治（苹浅褐卷叶蛾和橙色卷叶蛾）。

（续）

商品名（有效成分）	产品用量	PHI（天数）	REI（小时）	有效性[1]	说明
植物制剂					
Aza-Direct（印楝素）	77.9～155.9毫升/亩	0	4	?	
AzaGuard（印楝素）	39.0～77.9毫升/亩	0	4	?	用有机材料审查部门（OMRI）允许的喷雾用油。
Aza Max（印楝素）	282.2毫升/亩	0	4	?	
Azatrol 乳油（印楝素）	50.9～203.7毫升/亩	0	4	?	
BioLink（大蒜）	77.9～311.8毫升/亩	—	—	?	25（b）农药。
Cedar Gard（香柏油）	155.8毫升/亩				25（b）农药。
Garlic Barrier AG+（大蒜汁）	见说明	—	—	?	25（b）农药。一般喷雾用1升药兑99升水混匀。如已有危害用1升药兑50升水。1∶99的混合药液每亩喷6.24升，1∶50的药液每亩喷3.12升。
Molt-X（印楝素）	37.4克/亩	0	4	?	
Neemix 4.5（印楝素）	32.7～74.7克/亩	—	12	?	可参阅特定卷叶蛾种产品标签用于防治。
Organocide（芝麻油）	0.62～1.24升/62升/亩	—	—	?	25（b）农药。

（续）

商品名（有效成分）	产品用量	PHI（天数）	REI（小时）	有效性[1]	说明
PyGanic 1.4 乳油II（除虫菊酯）	77.9 ～ 311.8 毫升/亩	0	12	?	害虫第一次出现时开始用药，必要时反复使用。注意：种植园有蜜蜂活动时不能使用。
PyGanic 5.0 乳油II（除虫菊酯）	21.9～87.7 毫升/亩	0	12	?	害虫第一次出现时开始用药，必要时反复使用。注意：种植园有蜜蜂活动时不能使用。

[1] 有效性：1. 一些研究有效；2. 效果不一致；3. 无效；？. 没有评价或没有研究结果。

PHI：采前间隔期；REI：限定的用药间隔期。

—：没有专门标注采收前间隔期。

7.7.7 蚜虫（不同的种）

蚜虫虫体柔软，通常在植株的嫩芽或根茎的新芽以及沿着叶背的叶脉上发生。蚜虫大量出现时，可使植株衰弱。它们的蜜露可促进黑色煤污病的发生，导致果实和叶片变黏，影响采摘并减少销售。更重要的是蚜虫是很多病毒的介体。通常用天敌控制蚜虫的种群数量，不需要杀虫剂防治。

本指南完成的同时，纽约州有机生产上可用于管理这些病虫害的药剂也作了注册。在杀虫剂标签上列出了每一种害虫，但不能保证每种杀虫剂都是有效的。杀虫剂登记状态能够并且已经改变。目前杀虫剂必须在纽约州环保部注册，确保杀虫剂在纽约的使用合法化。杀虫剂达到 EPA 法规的 40CFR 章 152.25（b）［也称为 25（b）杀虫剂］要求的不需要注册。目前，纽约州杀虫剂的注册可以在农药产品、原料、生产系统网站（PIMS）上查到：http：//pims. psur. cornell. edu。在使用新产品前，要和认证员一起确认。

表 7.39 用于防治蚜虫的杀虫剂

商品名（有效成分）	产品用量	PHI（天数）	REI（小时）	有效性[1]	说 明
生物制剂					
Mycotrol O（球孢白僵菌 GHA 菌株）	39.0 ～ 155.9 毫升/亩	至采收日	4	?	
植物制剂					
Aza-Direct（印楝素）	77.9 ～ 155.9 毫升/亩	0	4	1	4 次试验，3 次有效。
AzaGuard（印楝素）	48.7～77.9 毫升/亩	0	4	1	4 次试验，3 次有效。用有机材料审查部门（OMRI）允许的喷雾用油。
Aza Max（印楝素）	282.2 毫升/亩	0	4	1	4 次试验，3 次有效。
Azatrol 乳油（印楝素）	50.9 ～ 203.7 毫升/亩	0	4	1	4 次试验，3 次有效。
Ecozin Plus 1.2% 微乳剂（印楝素）	70.1 ～ 140.1 克/亩	0	4	1	4 次试验，3 次有效。
Molt－X（印楝素）	46.7 克/亩	0	4	1	4 次试验，3 次有效。
Neemazad 1% 乳油（印楝素）	109.6～153.5 毫升/亩	—	4	1	4 次试验，3 次有效。制剂抑制和阻止成虫取食。
Neemix 4.5（印楝素）	24.4～34.1 毫升/亩	—	12	1	4 次试验，3 次有效。只针对桃蚜。
PyGanic 1.4 乳油 $_{II}$（除虫菊酯）	77.9 ～ 311.8 毫升/亩	0	12	?	害虫第 1 次出现时开始用药，必要时反复使用。注意：种植园有蜜蜂活动时不能使用。

（续）

商品名（有效成分）	产品用量	PHI（天数）	REI（小时）	有效性[1]	说明
PyGanic 5.0 乳油Ⅱ（除虫菊酯）	21.9～87.7 毫升/亩	0	12	?	
Safer Brand #567 Pyrethrin & Insecticidal Soap Concentration Ⅱ（除虫菊酯和脂肪酸钾盐）	每 65 米^2 用 3.79 升 1∶20 的稀释液喷雾	至雾滴干			
油类					
BioLink（大蒜）	77.9 ～ 311.8 毫升/亩	—	—	?	25（b）农药。
BioRepel（大蒜油）	1 份 BioRepel 兑水 100 份/亩	—	—	?	25（b）农药。
Garlic Barrier AG+（大蒜汁）	见说明	—	—	?	25（b）农药。一般喷雾用 1 升药兑 99 升水混匀。如已有危害用 1 升药兑 50 升水。1∶99 的混合药液每亩喷 6.24 升，1∶50 的药液每亩喷 3.12 升。
GC-Mite（棉籽、玉米和大蒜油）	0.62 升/（桶·亩）	—	—	?	25（b）农药。施用前需进行相容性试验。
Organocide（芝麻油）	0.62 ～ 1.24 升/（桶·亩）	—	—	?	25（b）农药。
SuffOil-X（石油）	0.62 ～ 1.24 升/（桶·亩）	至采收日	4	?	如果与硫制剂施用时间太近可引起植物毒性。
Trilogy（印楝油）	15.5～62 升水含 0.5%～1%	—	4	?	标签最大用量为每次 1.25 升/亩。

（续）

商品名（有效成分）	产品用量	PHI（天数）	REI（小时）	有效性[1]	说明
其他					
M-Pede（脂肪酸钾盐）	1%～2%体积比溶液	0	12	1 3	皂类产品在8次试验中6次对蚜虫有效，而不是对桃蚜。 皂类产品在9次试验中对桃蚜9次无效。
Safer Brand ＃567 Pyrethrin & Insecticidal Soap Concentration Ⅱ（除虫菊酯和脂肪酸钾盐）	每65米^{2}用3.8升稀释液喷雾	至雾滴干	12	?	药剂通过接触起作用。均匀喷施很重要。
Sil-Matrix（硅酸钾）	0.5%～1%溶液	0	4	?	每亩喷31～155升。
SucraShield（辛酸蔗糖酯）	0.8%～1%体积比溶液	0	48	?	依据作物类型、长势和株距，每亩用量为15.5～248升。

[1] 有效性：1. 一些研究有效；2. 效果不一致；3. 无效；?. 没有评价或没有研究结果。

PHI：采前间隔期；REI：限定的用药间隔期。

—：没有专门标注采收前间隔期。

7.7.8 马铃薯叶蝉（*Empoasca fabae*）

成虫从6月初至6月中旬迁移到纽约州，随夏季的气候锋面传入。成虫和幼虫在叶背面沿着叶脉吸食叶片汁液。与此同时，随唾液把有毒的物质注入叶片。受害植株的叶柄变短，叶片小且变形，并直角下垂，叶片自叶缘开始向中脉变黄。苜蓿可成为马铃薯叶蝉种群增加的来源，因此草莓园应避免与苜蓿地临近。

本指南完成的同时，纽约州有机生产上可用于管理这些病虫害的药剂也作了注册。在杀虫剂标签上列出了每一种害虫，但不能保证每种杀虫剂都是有效的。杀虫剂登记状态能够并且已经改变。目前杀虫剂必须在纽约州环保部注册，确保杀虫剂在纽约的使用合法化。杀虫剂达到 EPA 法规的 40CFR 章 152. 25（b）[也称为 25（b）杀虫剂] 要求的不需要注册。目前，纽约州杀虫剂的注册可以在农药产品、原料、生产系统网站（PIMS）上查到：http：//pims. psur. cornell. edu。在使用新产品前，要和认证员一起确认。

表 7. 40　用于防治马铃薯叶蝉的杀虫剂

商品名（有效成分）	产品用量	PHI（天数）	REI（小时）	有效性[1]	说　明
生物制剂					
Mycotrol O（球孢白僵菌 GHA 菌株）	39.0 ～ 155.9 毫升/亩	至采收日	4	?	
植物制剂					
Aza-Direct（印楝素）	77.9 ～ 155.9 毫升/亩	0	4	1	印楝素产品对叶蝉 5 次试验 5 次有效。
AzaGuard（印楝素）	48.7～77.9 毫升/亩	0	4	1	印楝素产品对叶蝉 5 次试验 5 次有效。用有机材料审查部门（OMRI）允许的喷雾用油。
Aza Max（印楝素）	282.2 毫升/亩	0	4	1	印楝素产品对叶蝉 5 次试验 5 次有效。
Azatrol 乳油（印楝素）	50.9 ～ 203.7 毫升/亩	0	4	1	印楝素产品对叶蝉 5 次试验 5 次有效。
Ecozin Plus 1.2% 微乳剂（印楝素）	70.1 ～ 140.1 克/亩	0	4	1	印楝素产品对叶蝉 5 次试验 5 次有效。

（续）

商品名 （有效成分）	产品用量	PHI （天数）	REI （小时）	有效性[1]	说　明
Molt-X （印楝素）	46.7克/亩	0	4	1	5次试验，5次有效。
Neemazad 1%乳油 （印楝素）	153.5～350.7毫升/亩	—	4	1	5次试验，5次有效。针对于若虫。
Neemix 4.5 （印楝素）	32.7～74.7克/亩	—	12	1	印楝素产品对叶蝉5次试验5次有效。
Py Ganic 1.4乳油$_{II}$ （除虫菊酯）	77.9～311.8毫升/亩	0	12	?	害虫第1次出现时开始用药，必要时反复使用。注意：种植园有蜜蜂活动时不能使用。
Py Ganic 5.0乳油$_{II}$ （除虫菊酯）	21.9～87.7毫升/亩	0	12	?	害虫第1次出现时开始用药，必要时反复使用。注意：种植园有蜜蜂活动时不能使用。
油类					
BioLink （大蒜）	77.9～311.8毫升/亩	—	—	?	25（b）农药。
BioRepel （大蒜油）	1份BioRepel兑100份水/亩	—	—	?	25（b）农药。
Cedar Gard （香柏油）	155.8毫升/亩	—	—	?	25（b）农药。
Garlic Barrier AG+ （大蒜汁）	见说明	—	—	?	25（b）农药。一般喷雾用1升药兑99升水混匀。如已有危害用1升药兑50升水。1∶99的混合药液每亩喷6.24升，1∶50的药液每亩喷3.12升。

（续）

商品名（有效成分）	产品用量	PHI（天数）	REI（小时）	有效性[1]	说明
其他					
M-Pede（脂肪酸钾盐）	1%～2%体积比溶液	0	12	3	皂类产品在一次试验中无效。 药剂通过接触起作用。均匀喷施很重要。
Safer Brand ＃567 Pyrethrin & Insecticidal Soap Concentration Ⅱ（除虫菊酯和脂肪酸钾盐）	3.8升稀释液喷雾/65.0米²	至雾滴干	12	?	
SucraShield（辛酸蔗糖酯）	0.8%～1%体积比溶液	0	48	?	依据作物类型、长势和株距，每亩用量为15.5～248升。

1）有效性：1. 一些研究有效；2. 效果不一致；3. 无效；？. 没有评价或没有研究结果。

PHI：采前间隔期；REI：限定的用药间隔期。

—：没有专门标注采收前间隔期。

7.7.9 日本丽金龟（*Popillia japonica*）

丽金龟在7月初出现，取食叶片。尽管可以诱集日本丽金龟，但研究表明诱集不但不能消灭金龟子，反而会招至更多的丽金龟到草莓园中。

本指南完成的同时，纽约州有机生产上可用于管理这些病虫害的药剂也作了注册。在杀虫剂标签上列出了每一种害虫，但不能保证每种杀虫剂都是有效的。杀虫剂登记状态能够并且已经改变。目前杀虫剂必须在纽约州环保部注册，确保杀虫剂在纽约的使用合法化。杀虫剂达到EPA法规的40CFR章152.25（b）［也称为25（b）杀虫剂］要求的不需要注册。目前，纽约州杀虫剂的注册可以在农药产品、原料、生产系统网站（PIMS）上查到：http：//pims.psur.cornell.edu。在使用新产品前，要和认证员一起确认。

表 7.41 用于防治日本丽金龟的杀虫剂

商品名（有效成分）	产品用量	PHI（天数）	REI（小时）	有效性[1]	说明
Aza-Direct（印楝素）	77.9 ～ 155.9 毫升/亩	0	4	?	有报道表明对丽金龟有一定的驱避作用。
AzaGuard（印楝素）	39.0～77.9 毫升/亩	0	4	?	用有机材料审查部门（OMRI）允许的喷雾用油。
Aza Max（印楝素）	282.2 毫升/亩	0	4	?	
Azatrol 乳油（印楝素）	61.5 ～ 203.7 毫升/亩	0	4	?	
BioLink（大蒜）	77.9 ～ 311.8 毫升/亩	—	—	?	25（b）农药。
Cedar Gard（香柏油）	155.8 毫升/亩	—	—	?	25（b）农药。
Ecozin Plus 1.2% 微乳剂（印楝素）	70.1 ～ 140.1 克/亩	0	4	?	
Garlic Barrier AG+（大蒜汁）	见说明	—	—	?	25（b）农药。一般喷雾用 1 升药兑 99 升水混匀。如已有危害用 1 升药兑 50 升水。1∶99 的混合药液每亩喷 6.24 升，1∶50 的药液每亩喷 3.12 升。
Molt-X（印楝素）	37.4 克/亩	0	4	?	
PyGanic 1.4 乳油$_{II}$（除虫菊酯）	77.9 ～ 311.8 毫升/亩	0	12	?	害虫第一次出现时开始用药，必要时反复使用。注意：种植园有蜜蜂活动时不能使用。

（续）

商品名（有效成分）	产品用量	PHI（天数）	REI（小时）	有效性[1)]	说　明
PyGanic 5.0 乳油Ⅱ（除虫菊酯）	21.9～87.7 毫升/亩	0	12	?	害虫第一次出现时开始用药，必要时反复使用。注意：种植园有蜜蜂活动时不能使用。
Safer Brand ♯567 Pyrethrin & Insecticidal Soap Concentration Ⅱ（除虫菊酯和脂肪酸钾盐）	3.8 升稀释液喷雾/65 米^2	至雾滴干	12	?	

[1)] 有效性：1. 一些研究有效；2. 效果不一致；3. 无效；？. 没有评价或没有研究结果。

PHI：采前间隔期；REI：限定的用药间隔期。

—：没有专门标注采收前间隔期。

7.8　蛞蝓防治（不同的种）

蛞蝓是没有壳的软体动物，跟蜗牛很像。蛞蝓取食成熟中的果实，在果中留下一些洞。它们在夜间最活跃，特别是凉爽、多雨的天气。在潮湿天气，植株有覆盖的时候种群数量达到最大。在受害植株上可以看到半透明的银色或发白的黏液痕迹。

条纹蛞蝓的综合防治说明参见 nysipm.cornell.edu/factsheets/fieldcrops/b_slug.pdf。

庭院灰蛞蝓综合防治说明参见 nysipm.cornell.edu/factsheets/fieldcrops/gg_slug.pdf。

沼泽蛞蝓（Marsh Slug）综合防治说明参见 nysipm.cornell.edu/factsheets/fieldcrops/m_slug.pdf。

斑点庭院蛞蝓（Spotted Garden Slug）综合防治说明参见 nysipm. cornell. edu/ factsheets/ fieldcrops/ sg _ slug. pdf。

表 7.42 蛞蝓防治措施

项目	注意事项
监测/阈值	尚未确立。
品种抗病性	没有已知的抗性品种。
栽培管理	不用覆盖物可以减少蛞蝓的数量，但这样可能会引起其他问题，因此并不提倡。 良好的环境卫生和杂草防治有助于减少蛞蝓数量。 在有蛞蝓发生的地方，避免将多年生苜蓿作为覆盖作物，在种植前一年除去苜蓿或其他多年生豆类植物。 喷灌对蛞蝓极为有利。如果一定要使用喷灌，应在早上进行，夜晚之前可使叶片变干爽。
化学防治	参见表 7.43。

本指南完成的同时，纽约州有机生产上可用于管理这些病虫害的药剂也作了注册。在杀虫剂标签上列出了每一种害虫，但不能保证每种杀虫剂都是有效的。杀虫剂登记状态能够并且已经改变。目前杀虫剂必须在纽约州环保部注册，确保杀虫剂在纽约的使用合法化。杀虫剂达到 EPA 法规的 40CFR 章 152. 25（b）［也称为 25（b）杀虫剂］要求的不需要注册。目前，纽约州杀虫剂的注册可以在农药产品、原料、生产系统网站（PIMS）上查到：http：//pims. psur. cornell. edu。在使用新产品前，要和认证员一起确认。

表 7.43 用于防治蛞蝓的杀虫剂

商品名（有效成分）	产品用量	PHI（天数）	REI（小时）	有效性[1]	说明
BioLink（大蒜）	77.9 ～ 311.7 毫升/亩	—	—	?	25（b）农药。
Bug-N-Sluggo（磷酸铁和多杀菌素）	1.49～3.29 千克/亩	1	4	?	

（续）

商品名（有效成分）	产品用量	PHI（天数）	REI（小时）	有效性[1]	说　明
Garlic Barrier AG+（大蒜汁）	见说明	—	—	?	25（b）农药。一般喷雾用1升药兑99升水混匀。如已有危害用1升药兑50升水。1∶99的混合药液每亩喷6.24升，1∶50的药液每亩喷3.12升。
Sluggo AG（磷酸铁）	1.49～3.29千克/亩	0	0	?	把诱饵分布在四周以阻止蛞蝓移向果实。
Sluggo Slug & Snail Bait（磷酸铁）	1.49～3.29千克/亩	0	0	?	

[1] 有效性：1. 一些研究有效；2. 效果不一致；3. 无效；？. 没有评价或没有研究结果。

PHI：采前间隔期；REI：限定的用药间隔期。

—：没有专门标注采收前间隔期。

7.9　野生动物的管理

各种啮齿目动物都可以危害草莓，尤其是冬季，它们在覆盖物下面取食的时候。在11月初割掉草莓园周围的杂草，会减少田鼠和老鼠的栖息地。应该保护捕食啮齿目动物的动物（如鹰、猫头鹰和狐狸）的栖息地（林地）。可将多种毒饵用于农业区域。为了使毒饵最有效，应该将毒饵放在避开大型动物取食的地方，并在整个冬季进行补充。

鹿吃草时会毁坏草莓植株，需要通过多项措施阻止鹿到草莓种植地取食。参照P. Curtis等在“减少鹿对家庭花园和景观种植的危害”中推荐的方法。

在种植园，当用犬和无形隔离网控制脊椎动物时，犬的粪便会污染草莓果食。如果犬总是在远离田间的一个固定区域排便，或是阻止其他脊椎动物在草莓地产生危害，果品安全风险将会降低。主要在冬季和初春用犬来控制脊椎动物，这时鹿的取食量最大（在收获期间避免使用），可将果品安全的风险降到最低。

Plantskydd 驱避剂是一种经有机材料审查部门（OMRI）许可的 25（b）农药，它阻止鹿不进入草莓种植园，从而起作用。参见网址 http：//www. plantskydd. com。

表 7.44 减轻脊椎动物危害的措施

有害动物	控制措施[1]
老鼠和田鼠	清除落果；生态控制包括清除种植园周围未刈割区域；用监测器决定防治需求。
浣熊	避免在地边放木头，因为这些有利于浣熊数量的增加。安置驱逐电网。 依靠持证捕猎者或土地拥有者在合适的季节射杀；依靠土地拥有者、持证捕猎者或持证的野生动物控制机构进行捕获，以降低其数量。
红狐和灰狐	咬坏灌溉系统。控制措施包括清除种植园周围的保护性覆盖物。依靠持证捕猎者或土地拥有者在合适的季节射杀；依靠土地拥有者、持证捕猎者或持证的野生动物控制机构进行捕获，以减少其数量。
白尾鹿	布置高 250 厘米高强度的铁丝网或 150～200 厘米高的驱逐电网；以花生酱做诱饵的电网；无形隔离网犬；生态控制包括清除种植区周围的保护性覆盖作物。 依靠持证捕猎者、土地拥有者或 DMAP 代理机构，或经许可才能射杀鹿，可减少其数量。与其他的脊椎动物不同，土地拥有者如果未经许可不能捕杀鹿。
北美土拨鼠	设置驱逐网（带电的驱逐网）；生态控制包括清除柴堆。通过持证捕猎者或土地拥有者的射杀；土地拥有者或持证野生动物控制机构进行捕获，都可以减少土拨鼠的数量。

[1] 进行射杀和捕获仅按照纽约州环境保护部的条例规定。对有害野生动物的控制只在距邻居建筑物超过 152.4 米时才允许射杀；在距邻居建筑物 152.4 米以内时，需要邻居许可才能进行射杀。依据动物和季节的不同也可以获得射杀许可。由于在有些地方是禁止射杀和捕获的，也可以查看地方条例。注意：捕杀令人讨厌的动物并把其释放到公有地或他人的所有地是违法的。必须释放到土地所有者的地方或杀掉。

7.10　采收和更新期注意事项

采收期间，尤其在自助采摘的时候，有些有害生物会令人讨厌，如黄蜂和小黄蜂。生长季，在种植区及其周围发现它们的蜂巢就可以将其毁掉。有些种在地上筑巢，对于这种蜂巢可浇热水将其毁掉。用含糖的橘子汽水做诱饵，也可作为一种手段用于减少黄蜂和小黄蜂的数量，但其有效性不太清楚。

在采收期间，可以借助清除田间病果来减少病虫害的威胁。随采摘将病果与好果分开。采摘的时候让采摘者把病果清除，然后将病果埋掉或销毁。这些措施有助于减轻灰霉病、革腐病和炭疽病（摘除过于成熟和被侵染的果实），也有助于减少草莓露尾叶甲（清除过于成熟或受害的果实）以及蛞蝓（清除过熟果和落果）。

采收后分级将是剔除受损果、病果和被侵染果的极好机会，这些果实会降低果实的品质和市场价值，所有剔除的果实应该烧毁或深埋。种植园的清洁卫生是非常重要的。如前所述，采收期间清除落果将减少灰霉病、革腐病和炭疽病以及草莓露尾甲和蛞蝓等病虫的威胁。与此同时，注意田间有问题的地块，或生长不良的植株、叶部病害、叶片损伤等，并采取措施保持植株的健康。

在更新种植园的时候，要做一些彻底的工作，包括割掉植物、砍掉覆盖物、翻埋感病和受害植株体。重新种植后覆盖一层厚实的稻草以提供冬季的保护，同时有助于保护植株免受因雨水飞溅带来的侵染源。

牢记生产目标，坚信在有机草莓生产中可以获得好的收益。因此，做好种植条件、有害生物、收获量的良好记录，并认真了解市场需求。

8 小规模喷雾技术

8.1 小型草莓园的喷药技术

对于许多小规模草莓种植园来说，喷药时需要特别注意校准喷药器械、计算所用农药量以及农药的检测。

为了确保药剂在叶面上均匀分布，必须有一个喷洒到整个叶部的系统方法。特别重要的是药剂既要覆盖冠层上部，又要使药剂进入冠层内部和中间以及结果的部位。水敏感卡（先正达公司产品）或 Surround、高岭土（美国恩格哈得公司产品）可以用于监测喷雾的分布。

喷雾前要校准喷雾器。

背负式喷雾器的校准：采用洁净水。

动态标定

① 选择适宜的喷嘴和压力。

② 在水泥地上标出 3 米×3 米的面积进行测算。

③ 给喷雾器充气至已知刻度，充满气后作出标记。

④ 在水泥地上喷洒一定面积。

⑤ 再次给喷雾器充气至标记刻度。

⑥ 将喷嘴喷出的药液量和希望喷出量进行比较。

静态标定

① 选择适宜的喷嘴和压力。

② 在水泥地上标 3 米×3 米的面积进行测算。

③ 在这个规定面积上进行喷雾并记录花费时间。

④ 在相同时间内计算液体的静态流量，计算刻度量杯内的

液体量。

⑤ 将喷嘴喷出的药液量和希望喷出量进行比较。

计算药剂的用量

一些有机认证的杀菌剂主要销售给大型的草莓园，以亩为单位给出使用的浓度，把已知的每亩需要量转化成较小的面积时，第一步是测算喷药面积，然后除以 667 米^2（十进制），得到喷药亩数。

例如：

1. 如果你打算喷药1 858 米^2 的面积，

1 858/667＝2.79 亩

2. 用药说明上每亩需药量为 280 毫升

每亩所用浓度× 面积数

280× 2.79＝781.2 毫升

小剂量杀菌剂的计算

下列表格和例子给出了小面积用药量的换算方法。

表 8.1 需要使用多少粉末或颗粒

液体量	378.54 升	94.64 升	18.93 升	3.79 升
粉剂或颗粒剂用量	113.4 克	28.35 克	5.32 克	$^1/_2$茶匙
	226.8 克	56.7 克	10.63 克	1 茶匙
	450 克	113.4 克	24.81 克	2 茶匙
	900 克	226.8 克	49.61 克	4 茶匙
	1 350 克	340.2 克	67.33 克	2 汤匙
	1 800 克	450 克	92.14 克	2 汤匙＋ 2 茶匙

表 8.2 需要使用多少液体量

液体量	378.54 升	94.64 升	18.93 升	3.79 升
药液用量	3.79 升	1.14 升	192.2 毫升	36.96 毫升
	2.27 升	568 毫升	96.1 毫升	18.48 毫升
	1.14 升	284 毫升	35.11 毫升	9.24 毫升
	852 毫升	177.42 毫升	36.96 毫升	7.39 毫升
	568 毫升	118.28 毫升	25.87 毫升	5.54 毫升
	236.56 毫升	59.14 毫升	12.94 毫升	1/2 茶匙
	118.28 毫升	29.57 毫升	7.39 毫升	1/4 茶匙

粉粒

例：说明书上标明每 378.54 升需要溶解 1.35 千克粉剂，但是人们都希望用液筒为 18.93 升的背负式喷雾器。表 8.1 表明只需要加入 67.33 克粉剂。要使用干净的秤称取合适的粉剂，决不能用测量杯类称量，因为不同的药剂密度是不同的。

药液

例：说明书上标明每 378.54 升需要药液 2.27 升，但是人们只希望用药液筒为 18.93 升的背负式喷雾器，表 8.2 表明只需要加入 96.1 毫升的药液。要用干净的量筒或量杯测定适宜的药液。

表 8.3 药液稀释倍数

稀释倍数	3.79 升	11.36 升	18.93 升
1∶100	2 汤匙＋ 2 茶匙	1/2杯	3/4杯 ＋ 5 茶匙
1∶200	4 茶匙	1/4杯	6 1/2 汤匙
1∶800	1 茶匙	1 汤匙	1 汤匙＋ 2 茶匙
1∶1 000	3/4 茶匙	2 1/2 茶匙	1 汤匙＋ 1 茶匙

测量设备

要用专门测药剂的量器，用药液量非常少时，可以用注射器。对于粉剂或颗粒剂可以用天平称，不宜用量杯，因为不同的药品密度是不同的。

安全

按杀菌剂说明书上的要求，喷药时要穿上适宜的防护服和装备，同时要注意河道水流、周边建筑物和天气的变化。

8.2 小型有机草莓园需选用小型喷雾器

购买喷雾器之前需要考虑许多重要因素，尤其是喷雾面积、邻近的供应商、生产标准等。有许多小农场主需要背负式或小型机载式喷雾器。

叶幕喷雾器

背负式喷雾器

小型喷雾器（15.14～18.93 升）可以生成 6.89×10^5 帕斯卡的压力，重量是主要因素，种植者要选择一个好的、宽的、软垫肩带的喷雾器以减轻肩上的负荷。依据喷洒目标选择适宜的喷嘴，确保喷洒均匀。选择大小合适的喷孔也很重要。

有 3 个因素影响着药液的用量——向前的喷速、压力和喷嘴尺寸。可惜的是最便宜的背负式喷雾器没有压力表，最好花多一点的钱购买一个带有压力表的背负式喷雾器。购买带有标准压力阀的喷雾器会更好。一般而言喷药量的增多或减少与压力有关。喷雾器调控阀，如 CF 阀，不论手动泵能量大小，喷药量将保持恒定。CF 阀可以保持压力均衡，确保液流稳定。

电动背负式喷雾器是手动背负式喷雾器的替代品，前者安装了一个可以充电的电池，最大压力较低，尤其是当你要喷许多垄草莓时。电动背负式喷雾器比传统的手动泵更易操作。同样，市场上也销售装有小型汽油机的背负式喷雾器。电动式用起来噪声小，但是，你必须记得给电池充电，否则将会延误喷药。

便携式弥雾机和背负式吹风机

当草莓园生长得茂盛时，喷药时药液对叶片需要有一定的穿透力。小型汽油机能驱动风扇通过手持喷管产生气流（类似于叶式鼓风机），喷管末端有一个喷嘴，药液随着气流喷出。喷药器随喷雾方向把药液喷向叶片。早期植株叶片小，可以降低发动机的速度，从而使液流变缓。如在叶片上产生沙沙声，其穿透效果好。因质量太重，有噪声，所以喷药时请务必戴上防护耳罩。

便携式汽油机喷雾器

如果喷雾器较重，地面又相对平坦，一些制造商提供了装有小型汽油机和 37.85～45.42 升药筒的喷雾器。药筒较大时（53～378.54 升）常由除草机或小型拖拉机拖带。

安装好的小型喷雾器

较理想液筒 56.78～94.64 升安装在 ATV 的载体架，配有一个小型电动泵，可提供 4.96×10^5 帕斯卡的压力。使用一个手持棒和软管，它们可用于短垄喷雾。该设备对于杂草控制较为理想。

橇式大型喷雾器

装在小卡车的后车厢上较为理想，这些喷雾器有 132.49～757.08 升的容量和一个电动燃气发动机。

除草剂或地面应用喷雾器

背负式 ATV 药筒手持长杆喷雾器

这些喷雾器可用于喷洒除草剂，但是要非常小心，喷雾器里不能残留除草剂，因此使用其喷洒其他药剂前，要清洗干净。另外，也有专门喷除草剂的设备。

液滴调控器（CDA）

使用 CDA 将大大减少用水量。一个旋转的圆盘（电池供电）将产生 95％同样大小的液滴，从而至少减少除草剂 50％的用量和 75％水的用量。赫比和螳螂（商品名称）都是手持型

CDA 喷雾器。ATV 或把屏蔽 CDA 安装在拖拉机上的喷雾器，如环保者牌喷雾器能减少喷药量，对植株有保护作用。

芯绳除草器

在过度潮湿的土壤上或只有零星杂草时，手握芯绳擦拭除草器，易于使用且十分有效，通常可将一个贮水器装在把手上，流出的水将芯绳或海绵浸湿后拖擦杂草以达到除草目的。

更多信息可以访问农药应用技术：http：//web. entomology. cornell. edu/landers/pestapp/.

9 本书中介绍的农药

表 9.1 杀真菌剂和杀菌剂

商品名	活性组分	EPA 注册号
Actino-Iron	利迪链霉菌 WYEC 108	73314 - 2
Actinovate-AG	利迪链霉菌 WYEC 108	73314 - 1
Badge×2	氯氧化铜、氢氧化铜	80289 - 12
Basic Copper 53	硫酸铜	45002 - 8
Champ WG	氢氧化铜	55146 - 1
CS 2005	五水合硫酸铜	66675 - 3
Cueva 杀菌剂	铜辛酸酯	67702 - 2 - 70051
冰川喷雾液	矿物油	34704 - 849
金色害虫喷雾油	大豆油	57538 - 11
Kaligreen	碳酸氢钾	11581 - 2
Kumulus DF	硫磺	51036 - 352 - 66330
Microthiol Disperss	硫磺	70506 - 187
Micro Sulf	硫磺	55146 - 75
Mildew cure	棉籽、谷物和大蒜油	免除 25（b）农药
Milstop	碳酸氢钾	70870 - 1 - 68539
Nordox 75 WG	氧化亚铜	48142 - 4
NuCop 50 WP	氢氧化铜	45002 - 7
NuCop 50 DF	氢氧化铜	45002 - 4

（续）

商品名	活性组分	EPA 注册号
有机 JMS 针油	石蜡油	65564 - 1
Organocide	芝麻油	免除 25（b）农药
OxiDate	过氧化氢	70299 - 2
PERpose Plus	过氧化氢/二氧化碳	86729 - 1
Prestop 生物杀菌剂	孢黏帚霉	64137 - 11
PureSpray Green	石油	69526 - 9
Regalia SC	虎杖属红景天	84059 - 2
Regalia 生物杀菌剂	虎杖属红景天	84059 - 3
RootShield WP	哈茨木霉 T - 22	68539 - 7
Serenade ASO	枯草芽孢杆菌	69592 - 12
Serenade MAX	枯草芽孢杆菌	69592 - 11
Sil-Matrix	硅酸钾	82100 - 1
Sporatec	迷迭香、丁香和百里香油	免除 25（b）农药
SuffOil - X	石油	48813 - 1 - 68539
Trilogy	印楝油	70051 - 2

表 9.2　杀虫剂和杀螨剂

商品名	活性组分	EPA 注册号
Aza-Direct	印楝素	71908 - 1 - 10163
AzaGuard	印楝素	70299 - 17
Aza Max	印楝素	71908 - 1 - 81268
Azatrol EC	印楝素	2217 - 836
BioLink	大蒜	免除 25（b）农药
BioRepel	大蒜油	免除 25（b）农药

（续）

商品名	活性组分	EPA 注册号
Cedar Gard	雪松油	免除 25（b）农药
Deliver	苏云金芽孢杆菌 亚种 . *kurstaki*	70051－69
Dipel DF	苏云金芽孢杆菌 亚种 . *kurstaki*	73049－39
Ecozin Plus 1.2%ME	印楝素	5481－559
Entrust Naturalyte Insect Control	多杀菌素	62719－282
Garlic Barrier AG+	棉籽、谷物和大蒜油	免除 25（b）农药
GC-Mite	大蒜汁	免除 25（b）农药
Glacial Spray Fluid	矿物油	34704－849
Javelin WG	苏云金芽孢杆菌	70051－66
Kumulus DF	硫磺	51036－352－66330
M-Pede	脂肪酸钾盐	62719－515 和 10163－324
Micro Sulf	硫磺	55146－75
Microthiol Disperss	硫磺	70506－187
Molt－X	印楝素	68539－11
Mycotrol O	白僵菌	82074－3
Neemazad	（印楝素）	70051－104
Neemix 4.5	（印楝素）	70051－9
Omni Supreme Spray	矿物油	5905－368
有机 JMS 针油	石蜡油	65564－1
Organocide	芝麻油	免除 25（b）农药
PureSpray Green	石油	69526－9
PyGanic EC 1.4 Ⅱ	除虫菊素	1021－1771
PyGanic EC 5.0 Ⅱ	除虫菊素	1021－1772

（续）

商品名	活性组分	EPA 注册号
Safer Brand ＃567 Pyrethrin & Insecticidal Soap Concentrate Ⅱ	除虫菊素和脂肪酸钾盐	59913-9
Sil-Matrix	硅酸钾	82100-1
SucraShield	辛酸蔗糖酯	70950-2-84710
SuffOil-X	石油	48813-1-68539
Trilogy	印楝油	70051-2

表 9.3　除草剂

商品名	活性组分	EPA 注册号
GreenMatch EX	柑橘提取物（d-柠檬烯）	免除 25（b）农药

表 9.4　软体动物控制化学品

商品名	活性组分	EPA 注册号
bug-N-Sluggo	磷酸铁和多杀菌素	67702-24-70051
Sluggo-AG	磷酸铁	67702-3-54705
Sluggo Slug & Snail Bait	磷酸铁	67702-3-70051

9.1　在有机草莓生产上注册的农药

在《指南》发布的同时，《指南》中列出了“美国有机生产规定”和在纽约州注册后允许使用的农药。作者主要依靠“有机材料检查研究所（OMRI）”所列出的农药名录，在使用任何新的农药前都要得到认证员的许可。

由于许多农药成本高，有关农药药效的资料很有限，因此，结合栽培技术对病虫害进行综合治理有很重要的意义。正如上节所介绍的，这方面还未得到足够的重视。药剂不应该作为病虫害防治的主要方法。病情调查、预测预报或捕捉害虫对检测病虫害早期的发生有很重要的意义。如果确实需要喷药，那么适宜的农药、合适的喷药时间和均匀喷药是至关重要的。

9.2 使用农药的规定

草莓有机生产侧重于栽培技术、生物和机械方法来防治病虫害，但是在某些情况下，必须选择有机认证的农药，包括驱虫剂。在有机生产指南上提到的农药必须在国家环保局等有关部门进行审核注册，每种农药都要满足环保局“最低风险”评估要求，如同 FIFRA 章 40CFR 节 152.25（b）条款描述的那样，这类农药可以免除正常的注册要求。

“最低风险”的农药也称作 25（b）农药，它必须满足特定的临界标准才能获得“最低风险”认证。“最低风险”农药的有效成分必须是联邦法规（40CFR152.25）中列出的享受豁免的有效成分。“最低风险”农药也必须含有在《联邦注册者》中最新的 4A 名录中列出的惰性成分。

除了满足上述对有效成分和惰性成分的要求外，“最低风险”农药还必须满足下述要求：

- 每种产品必须标注有效成分和惰性成分的名称和百分率（重量）。
- 不能宣称产品能防止或减缓微生物对人类健康的威胁，但对于传病细菌或病毒的效果不作限制，也不能声明能防控携带特定病害的昆虫或啮齿类动物，但对于携带莱姆病壁虱的作用不作限制。
- 产品说明上不能包含任何虚假的宣传。

除了在 EPA 进行注册外，在纽约州销售或使用的农药必须在州环保部（NYSDEC）进行注册。但是，上述已满足 EPA“最低风险”标准的农药不需要在州环保部注册。

为了保证有机认证，使用的农药必须遵守《美国有机法案》（NOP）中“7CFR－205部，600－606节”中的规定，“有机产品检查所（OMRI）”是检查和发布遵守 NOP 规定产品的机构之一。其他机构对产品也作了评价，有机生产者不需要只用 OMRI 所列的产品，但是对于寻找潜在的农药，可以从名录中查找。

最后，每个农场必须由官方认可的认证员进行认证，认证员需要了解用于病虫害防治的任何材料。要记住在使用任何农药防控病虫害之前，必须征得认证员的许可。

一些有机认证机构可以允许用“家用农药”来防控病虫害。这些材料虽然没有按农药进行登记，但是在生产上，它们具有减少病虫害危害的作用。“家用农药”的例子包括用啤酒作为诱饵减少蛞蝓对草莓的危害，或用餐具清洗剂减少蚜虫的危害。本指南上没有提到“家用农药”，但是在某些情况下，有机认证机构允许使用上述“农药”。要按有机章程操作，不能过分依赖认证机构的建议。

9.3　农药效果最大化

关于某一农药对某一病害有效性的资料较少，甚至很难找到。一些大学研究人员从事农药用于有机生产中的认证试验；一些制造商在他们的网站上提供了试验结果；一些农民自己也进行试验。本指南汇总了来自大学试验中列出的农药的药效，而且提供了部分产品的药效。

一般而言，有机生产上使用的杀菌剂杀菌百分率较低，残效期短，在环境中降解快。仔细阅读用药说明，确定水的 pH 或硬度对农药的有效性是否有副作用。使用表面活性剂可以改善有机杀菌剂的性能，OMRI 列出了产品目录中的活性剂。定期进行病虫检测和准确地进行病虫害鉴定是病虫害有效管理中的必要手段。用于常规生产的阈值可能不适用于有机生产方式，因为有机生产中使用的杀菌剂灭菌率较低，残效期短。需要喷杀菌剂时，最好在病菌最脆弱时进行防控。喷药时植株表面要喷全，尤其是喷杀虫剂时，只有当害虫摄取大量食物时才能产生毒杀作用。采用性诱剂或其他检测、预测技术能为病虫害问题提供早期预警，这有助于重点防控病虫害。

10 参考文献和来源

• A& L 东部农业实验室公司，2006，al-labs-eastern. com/.

• 农业分析公司，2009，www. agrianalysis. com/.

• 农业分析服务实验室，宾夕法尼亚州立大学，1998，aasl. psu. edu/.

• Agro-One. 2009，http：//www. dairyone. com/AgroOne/

• 分析实验室和缅因州土壤测试服务，缅因大学 . http：//anlab. umesci. maine. edu/

• 浆果诊断工具，普利茨 · M. 和海登里希 · C. 康奈尔大学. http：//www. fruit. cornell. edu/berrytool/

• 起源于石灰指南的缓冲液 pH，2010，凯特林，Q. 饶 R. ，迪茨耳，K. 和里斯托 ，P. 农学实例表系列，实例表 48，康奈尔大学， http：//nmsp. cals. cornell. edu/publications/factsheets/factsheet48. pdf

• 构建更好收成的土壤，第 3 版，2010，马格多夫，F 和 VanEs，H. 可持续农业网络，马里兰州贝尔茨维尔，294 页。www. sare. org/publications/soils. htm.

• 草莓疾病纲要，1998，马斯，J. 编辑。美国植物病理学会。http：//www. apsnet，org/apsstore/ shopapspress/Pages/41949. aspx

• 康奈尔大学果树资源：浆果。http：//www. fruit. cornell. edu/berry/

• 康奈尔大学昆虫诊断实验室。http：//entomology. cornell. edu/extension/idl/index. cfm.

- 康奈尔大学浆果作物病虫害管理指南，每年更新一次。http：//ipmguidelines. org/BerryCrops/
- 康奈尔大学植物病害诊所。http：//www. plantclinic. cornell. edu/
- 覆盖作物的蔬菜种植者，覆盖作物决策工具。2008，贝克曼．康奈尔大学。http：//www. hort. cornell. edu/bjorkman/lab/covercrops/index. php
- 奶牛饲料实验室，康奈尔大学。http：//www. dairyone. com/forage/
- 在纽约草莓病虫害综合治理要素，2000，纽约州 IPM 项目，康奈尔大学。http：//nysipm. cornell. edu/elements/strawb. asp
- FIFRA Regulation 40 CFR Part 152. 25（b）Exemptions for Pesticides of a Character Not Requiring FIFRARegulation. http：//ecfr. gpoaccess. gov/cgi/t/text/text-idx? c = ecfr&rgn=div5&view =text&node=40：24. 0. 1. 1. 3&idno=40 # 40：24. 0. 1. 1. 3. 2. 1. 2
- 大西洋中部浆果指南，2008，Rudisill，A. 编辑。宾夕法尼亚州立大学农业科学。http：//pubs. cas. psu. edu/freepubs/MAberryGuide. htm
- 国家有机计划，2008，美国农业部：农业营销服务（美国农业部：AMS）。http：//www. ams. usda. gov/AMSv1. 0/——点击左侧栏的"国家有机计划"。
- 认证要求 http：//www. ams. usda. gov/AMSv1. 0/getfile? dDocName=STELDEV3004346&acct=nopgeninfo
- 对于产品许可——点击"国家有机计划"，然后点击"国家允许和禁止的物质名单"。
- 国家可持续农业信息服务（原 ATTRA），2009，国家适用技术中心（NCAT）。https：//attra. ncat. org/organic. html
- 网络环境和天气应用程序（NEWA），2009，康奈尔大学。ht-

tp：//newa. cornell. edu/
• 纽约贝瑞新闻，海登里希，贝拉，艾德，康奈尔大学。http：//www. fruit. cornell. edu/nybn/
• 纽约州浆果种植者协会，康奈尔大学。www. hort. cornell. edu/grower/nybga/
• 纽约国家农业部和市场：有机农业资源中心。http：//www. agriculture. ny. gov/
• 在 NYS 查找一个有机认证机构的认证资料——点击"如何成为有机认证"，然后按照下面的连接"提供有机认证服务的组织"。
• 纽约州 IPM 发布浆果信息。http：//nysipm. cornell. edu/factsheets/berries/
• 纽约州水果 IPM，2009，http：//nysipm. cornell. edu/fruits/
• 纽约州农药产品、原料、生产系统（PIMS），2009，康奈尔大学推广 http：//pims. psur. cornell. edu/
• 纽约葡萄园选址评估系统，2009，康奈尔大学和地理空间应用技术研究所。http：// arcserver 2 . iagt. org/vll/
• 东北覆盖作物手册，1994，Sarrantonio，M. 罗德学院。在线购买 http：//www. amazon. com /Northeast-Cover-Handbook-Health-Series/dp/0913107174
• 纽约东北有机农业协会。http：//www. nofany. org/
• 浆果和水果作物苗圃指南，2009，康奈尔大学。http：//www. fruit. cornell. edu/berry/ nurseries /blueberries. html
• 有机材料审查研究所。http：//www. omri. org/
• OMRI 的产品列表。http：//www. omri. org/omri-lists
• 有机杂草管理网站。http：//weedecology. css. cornell. edu/manage/
• 宾夕法尼亚州立大学农学指南 2007－8，2008，宾夕法尼亚州立大学农学系。

- 农药应用技术，康奈尔大学。http：//web. entomology. cornell. edu/landers/pestapp/
- 农药管理教育项目（PMEP），2008，康奈尔大学合作推广处。http：//pmep. cce. cornell. edu/
- 农作物病虫害管理指南，2009，康奈尔大学。http：//ipmguidelines. org/BerryCrops/
- 减少鹿对家庭花园和景观植被的破坏，保罗·D. 柯蒂斯和米洛·E. 里士满，自然资源部，伊萨卡，康奈尔大学，纽约14853。
- 罗代尔研究所：有机解决方案的领导人，2009。http：//www. rodaleinstitute. org/
- 土壤健康网站，2007，康奈尔大学。http：//soilhealth. cals. cornell. edu/
- 土壤健康测试。http：//soilhealth. cals. cornell. edu/extension/test. htm
- 土壤和植物组织的测试实验室，2004，马萨诸塞州立大学。http：//www. umass. edu/soiltest/
- 草莓：有机生产，2007，ATTRA 技术转让。https：//attra. ncat. org/attra-pub/summaries/summary. php？ pub＝13
- 加拿大东北部、中西部和东部地区草莓生产指南。1998，NRAES 出版物＃ 88。http：//palspublishing. cals. cornell. edu/nra _ order. taf？ _ function = detail&pr _ booknum = nraes - 88
- 标题 7，国家有机认证计划规定——从 http：//www. ams. usda. gov/AMSv1. 0/点击“国家有机 食品程序”。然后根据一般信息，点击“法规”，然后点击“联邦法规电子代码(标准）”。
- 使用粪肥和堆肥作为营养来源的水果和蔬菜作物，2005，罗森，C．J．和柏瑞恩，P. M，明尼苏达大学。http：//www.

extension. umn. edu/distribution/horticulture/M1192. html
- 使用的有机营养来源，桑切斯·理查德，佩恩州立大学，2009。http：//pubs. cas. psu. edu/ FreePubs/pdfs/uj256. pdf
- 《东北种业》，威尼尔和托马斯，康奈尔大学出版社，397页，1997。

11 术语表

来源：

免费的在线百科全书——维基百科（一个基于 wiki 技术的多语言的百科全书协作计划，也是一部用不同语言写成的网络百科全书，其目标及宗旨是为全人类提供免费的百科全书）www. wikipedia. org/.

活性剂——添加到喷雾罐中的辅助物质（独立于农药），通过降低水的表面张力和提高覆盖率可以提高农药（杀虫剂、除草剂、杀菌剂、除螨药）和肥料的性能。

农业生态系统——由一定农业地域内相互作用的生物因素和非生物因素构成的功能整体，人类生产活动干预下形成的人工生态系统。

化感作用——一种植物挥发出的物质，如果另一种植物与这种物质接触，就会影响种子萌发、发育和生长。

一年生植物——一种植物在 1 年以内完成其生命周期（发芽、开花、结籽和死亡）。

二年生植物——一种开花植物，用两年时间来完成其生命周期。

缓冲区——足够大的物理空间，分成两个或两个以上的区域，使得这些区域的活动互不影响。

阳离子交换量（CEC）——是一种在土壤和土壤溶液中保持和替代阳离子（带正电的离子，如 K^+）的能力。CEC 是衡量土壤营养保留能力的指标。

堆肥——由植物、动物和其他有机物质共同沤制的肥料，通过有氧降解过程能转化成一种富含碳、养分和生物活性的物质。

轮作——在同一地块不同季节栽种不同类型的作物，以避免连续种植同一种作物而引发的病虫害的积聚。

霜袋地——静止的空气通过地面辐射冷却，沿山坡下降，取代热空气，在山谷和低洼地积聚形成口袋状的冷空气。

绿肥——在一段特定的时间内，种植的一类覆盖作物，翻入土中可以增加土壤营养和有机质含量，有利于土壤改良。

腐殖质——一种易降解且稳定的有机物质，有利于土壤耕性和阳离子交换。

固定化——有机质降解并被微生物吸收，因此阻碍了养分向植物的移动，这个过程称为固定化。

病虫害综合管理（IPM）——一个针对昆虫、螨类、植物病害、杂草和其他害虫的各种有计划的综合管理战略，包括：机械设备、物理设备、遗传抗性、生物控制、栽培技术和化学处理。它是用生态的方法来实现显著减少或限制使用农药的目标，同时把害虫种群控制在一个可接受的水平。

大气候——指的是一个广泛的农业地区的区域气候。它可以包括几十到几百千米的面积。

中气候——是指一个特定种植地点的气候，通常是在几十或几百米范围内。

小气候——是指在一个小空间内的特定环境，如一行植物或田野的一角。

矿化——指的是一种有机物质转化为一种无机物质并被植株吸收的过程。

氮同化——指植物通过消耗能量把硝酸盐和铵离子转化成有机物来满足植物生长需要的过程。

氮的预算——计算营养元素进入农场的数量（如肥料、有机肥、豆类作物和土壤残留氮）和营养元素消耗的数量（如产品采摘、径流、淋溶和挥发），实现两者之间的平衡。

氮的固定——大气中的气体氮（N_2）转化为铵化合物，从而被植物利用的过程。

有机认证——对有机食品生产商和产品的认证过程，要求产品在种植、储存、加工、包装和运输的环节严格遵守有机标准。

滞水层——由于不透水岩石或沉积物阻止水下沉，导致积水层高于当地水位。

多年生植物——完成它的生命周期（发芽、开花、结籽）需要超过一年的时间。

夏播一年生植物——一种一年生植物，在同一生长季节完成发芽、开花、结籽和死亡过程。

表面活性剂（或润湿剂）——一个类似肥皂的活性剂，加到水或其他液体中，通过降低液滴的表面张力来增加其润湿特性。

阈值——病害虫（昆虫、螨、植物病害和杂草等）密度的临界值，达到此值时进行防控将能保证经济回报。

耕性——一个描述土壤性能的术语，耕性好的土壤松软、不紧实，雨水可渗入土中，根系生长无障碍。

防风林——由一排或多排的树木或灌木种植在某地域的边缘，用这样一种方式可以使植株避风并防止土壤侵蚀。

冬植一年生植物——这种植物在秋天或冬天发芽、开花、结籽，并在一年内死去。

图书在版编目（CIP）数据

有机草莓生产指南/（美）卡略尔，（美）普里茨，（美）黑得瑞赤主编；张运涛，张国珍译．—北京：中国农业出版社，2013.8

书名原文：Production guide for organic strawberries

ISBN 978-7-109-18183-0

Ⅰ．①有…　Ⅱ．①卡…②普…③黑…④张…⑤张…　Ⅲ．①草莓-果树园艺-无污染技术-指南　Ⅳ．①S668.4-62

中国版本图书馆CIP数据核字（2013）第175830号

著作权合同登记号：图字 01-2013-6943 号

中国农业出版社出版

（北京市朝阳区农展馆北路2号）

（邮政编码 100125）

责任编辑　贺志清

北京通州皇家印刷厂印刷　　新华书店北京发行所发行

2013年8月第1版　　2013年8月第1次印刷

开本：850mm×1168mm　1/32　　印张：4

字数：92千字

定价：20.00元

（凡本版图书出现印刷、装订错误，请向出版社发行部调换）